"十二五"职业教育国家规划教材
经全国职业教育教材审定委员会审定

住房和城乡建设部中等职业教育建筑施工与建筑装饰专业指导委员会规划推荐教材

建筑工程计量与计价

（建筑工程施工专业）

赵崇晖　主　编

蔡胜红　郑庆波　副主编

张齐欣　主　审

中国建筑工业出版社

图书在版编目（CIP）数据

建筑工程计量与计价 / 赵崇晖主编 . —北京：中国建筑工业
出版社，2014.12
"十二五"职业教育国家规划教材 . 经全国职业教育教材审
定委员会审定 . 住房和城乡建设部中等职业教育建筑施工与建
筑装饰专业指导委员会规划推荐教材（建筑工程施工专业）
ISBN 978-7-112-17563-5

Ⅰ.①建…　Ⅱ.①赵…　Ⅲ.①建筑工程—计量—中等专业
学校—教材②建筑造价—中等专业学校—教材　Ⅳ.①TU723.3

中国版本图书馆CIP数据核字（2014）第282416号

本书根据2014年7月教育部最新颁布的《中等职业学校建筑工程施工专业教学标准（试行）》和《建筑工程计量与计
价课程标准》编写。全书共计10个模块，内容包括：建筑工程造价基础知识、建筑面积的计算、土石方工程计量与计价、
桩基工程计量与计价、砌筑工程计量与计价、现浇混凝土及钢筋工程计量与计价、屋面防水及保温隔热工程计量与计价、
脚手架工程计量与计价、混凝土模板及支架工程计量与计价、工程造价计算。

本书可作为中等职业学校土建类专业的教材，也可供工程人员参考。

为了更好地支持本课程教学，本书作者制作了精美的课件，有需求的读者可以发送邮件至：2917266507@qq.com 免费索取。

责任编辑：陈　桦　聂　伟　吴越恺
责任校对：李欣慰　刘梦然

"十二五"职业教育国家规划教材
经全国职业教育教材审定委员会审定
住房和城乡建设部中等职业教育建筑施工与建筑装饰专业指导委员会规划推荐教材

建筑工程计量与计价
（建筑工程施工专业）
　　　　　赵崇晖　主　编
蔡胜红　郑庆波　副主编
　　　　张齐欣　主　审
　　*
中国建筑工业出版社出版、发行（北京西郊百万庄）
各地新华书店、建筑书店经销
北京京点图文设计有限公司制版
北京市密东印刷有限公司印刷
　　*
开本：787×1092毫米　1/16　印张：16　字数：368千字
2015年8月第一版　2018年9月第四次印刷
定价：**44.00**元（赠课件）
ISBN 978-7-112-17563-5
　　（26773）

本系列教材编委会 ◆◆◆

主　任：诸葛棠

副主任：（按姓氏笔画排序）

姚谨英　黄民权　廖春洪

秘　书：周学军

委　员：（按姓氏笔画排序）

于明桂　王　萧　王永康　王守剑　王芷兰　王灵云

王昌辉　王政伟　王崇梅　王雁荣　付新建　白丽红

朱　平　任萍萍　庄琦怡　刘　英　刘　怡　刘兆煌

刘晓燕　孙　敏　严　敏　巫　涛　李　淮　李雪青

杨建华　何　方　张　强　张齐欣　欧阳丽晖　金　煜

郑庆波　赵崇晖　姚晓霞　聂　伟　钱正海　徐永迫

郭秋生　崔东方　彭江林　蒋　翔　韩　琳　景月玲

曾学真　谢　东　谢　洪　蔡胜红　黎　林

序言 ◆◆◆
Preface

　　住房和城乡建设部中等职业教育专业指导委员会是在全国住房和城乡建设职业教育教学指导委员会、住房和城乡建设部人事司的领导下，指导住房城乡建设类中等职业教育（包括普通中专、成人中专、职业高中、技工学校等）的专业建设和人才培养的专家机构。其主要任务是：研究建设类中等职业教育的专业发展方向、专业设置和教育教学改革；组织制定并及时修订专业培养目标、专业教育标准、专业培养方案、技能培养方案，组织编制有关课程和教学环节的教学大纲；研究制订教材建设规划，组织教材编写和评选工作，开展教材的评价和评优工作；研究制订专业教育评估标准、专业教育评估程序与办法，协调、配合专业教育评估工作的开展等。

　　本套教材是由住建部中等职业教育建筑施工与建筑装饰专业指导委员会（以下简称专指委）组织编写的。该套教材是根据教育部 2014 年 7 月公布的《中等职业学校建筑工程施工专业教学标准（试行）》、《中等职业学校建筑装饰专业教学标准（试行）》编写的。专指委的委员参与了专业教学标准和课程标准的制定，并将教学改革的理念融入教材的编写，使本套教材能体现最新的教学标准和课程标准的精神。教材编写体现了理论实践一体化教学和做中学、做中教的职业教育教学特色。教材中采用了最新的规范、标准、规程，体现了先进性、通用性、实用性的原则。本套教材中的大部分教材，经全国职业教育教材审定委员会的审定，被评为"十二五"职业教育国家规划教材。

　　教学改革是一个不断深化的过程，教材建设是一个不断推陈出新的过程，需要在教学实践中不断完善，希望本套教材能对进一步开展中等职业教育的教学改革发挥积极的推动作用。

　　　　　　　　　　　　　住建部中等职业教育建筑施工与建筑装饰专业指导委员会
　　　　　　　　　　　　　2015 年 6 月

近年来，随着建设工程新材料、新结构、新技术不断发展以及新的规范标准的颁布实施，对中等职业教育建筑专业人才培养与教学改革提出了新的要求。专业教学改革迫切需要一套与岗位能力培养相适应的教材，以加强对学生综合职业能力培养，使他们能更好地适应社会和经济发展的需求。《建筑工程计量与计价》是一门规范性、政策性、地域性及实用性很强的课程。为更好地培养学生岗位实践能力，提升就业竞争力，住房和城乡建设部中等职业教育建筑施工与建筑装饰专业指导委员会组织全国各省教学经验丰富、理论知识扎实、实践能力强的"双师型"教师，编写本书。本书根据教育部 2014 年公布的《中等职业学校建筑工程施工专业教学标准（试行）》和本课程的教学标准编写。

结合企业对应用型人才岗位工作能力培养的要求，本书在编写上突出以下三个特点：

一是岗位实用性。教材紧扣建筑施工专业现场一线计量与计价工作实际情况，突出重点，精选内容，满足岗位生产需要，为学生将来职业生涯打下一定的基础。

二是项目特征性。强调对学生职业岗位能力的培养，理论联系实际，注重实践与应用，教材编写上采用项目任务式教学模式，内容侧重实际操作，通过大量工程案例、工程施工图以及规范图表进行实践训练，拉近课堂和岗位职业的距离，便于学生掌握工程计量与计价职业能力，达到培养学生综合实践能力的目标。

三是内容新颖性。教材体现建筑行业发展动态，引入最新规范和最新标准。全书以最新版《建设工程工程量清单计价规范》GB 50500-2013、《房屋建筑与装饰工程工程量计算规范》GB 50584-2013、《建筑工程建筑面积计算规范》GB/T 50353-2013 为主要依据，并结合全国各地现行地区消耗量定额及政策文件精神进行编写。

本书由福州建筑工程职业中专学校的赵崇晖担任主编，广州市土地房产管理职业学校的蔡胜红和福州建筑工程职业中专学校的郑庆波担任副主编，参加编写的人员还有：福州建筑工程职业中专学校的李奕樟，上海市建筑工程学校的朱雯轩、夏萍、钱玉婷，云南建设学校的林云，广西城市建设学校的秦玉英，绵阳水利电力学校的庄琦怡、严敏。具体分工为：赵崇晖负责统稿，并编写模块1项目1.1、项目1.2；蔡胜红编写模块3、模块6，并参与模块1、模块2、模块4、模块5、模块7的校对；郑庆波编写模块2，并参与模块3、模块6、模块8、模块9、模块10的校对；李奕樟编写模块1项目1.3、项目1.4及项目1.5；朱雯轩编写模块4；林云编写模块5；秦玉英编写模块7；庄琦怡编写模块8；严敏编写模块9；夏萍编写模块10项目10.1，钱玉婷编写模块10项目10.2。全书由安徽建设学校张齐欣主审。

　　鉴于编者水平和经验有限，书中不足之处在所难免，恳请专家和读者批评指正。

目录 ◆◆
Contents

模块 1
建筑工程造价基础知识

【模块概述】

> 通过本模块的学习，学生能够：理解建筑工程造价含义、特点、作用；理解基本建设概念及内容，掌握建设项目的划分方法；知道建筑工程计价模式的分类及含义；理解建筑工程定额的概念、特点、作用及分类，掌握人工、材料、机械台班消耗量及单价的确定方法，学会建筑工程消耗量定额的应用；知道定额计价和清单计价的费用构成与计算方法；理解工程量的概念，明白清单工程量与计价工程量的区别与联系，了解工程量计算的一般方法；理解分项工程综合单价的概念，掌握综合单价的计算方法，学会实际分项工程综合单价的分析计算。

项目 1.1　建筑工程造价概述

【项目描述】

> 通过本项目的学习，学生能够：陈述工程造价的含义，理解其特点及其作用；陈述基本建设概念及内容；理解建筑工程计价模式的基本内容及其区别。

【基础知识】

一、工程造价的概念

1. 工程造价的含义

工程造价的直意就是工程的建造价格。"工程"泛指一切建设工程，它的范围和内涵具有不确定性。工程造价有两种含义，但都离不开市场经济的大前提。

第一种含义：工程造价是指建设一项工程预期开支或实际开支的全部固定资产投资

费用。显然，这一含义是从投资者——业主的角度来定义的。投资者选定一个投资项目，为了获得预期的效益，就要通过项目评估进行决策，然后进行设计招标、工程招标，直至竣工验收等一系列投资管理活动。在投资活动中所支付的全部费用形成了固定资产和无形资产。所有这些开支就构成了工程造价。从这个意义上说，工程造价就是工程投资费用，建设项目工程造价就是建设项目固定资产投资。

第二种含义：工程造价是指工程价格，即为建成一项工程，预计或实际上土地市场、设备市场、技术劳务市场以及承包市场等交易活动中所形成的建筑安装工程的价格和建设工程总价格。显然，工程造价的第二种含义是以社会主义商品经济和市场经济为前提的。它以工程这种特定的商品形式作为交易对象，通过招投标、承发包和其他交易方式，在进行多次性预估的基础上，最终由市场形成的价格。

通常把工程造价的第二种含义认定为工程承包价格。应该肯定，承发包价格是工程造价中一种重要的，也是最典型的价格形式。它是在建筑市场通过招投标，由需求主体、投资者和供给主体、承包商共同认可的价格。鉴于建筑企业是建设工程的实施者和重要的市场主体，工程承发包价格被界定为工程造价的第二种含义，很有现实意义。

2．建筑工程造价的特点

由工程建设的特点所决定，工程造价有以下特点。

（1）工程造价的大额性

能够发挥投资效用的任一项工程，不仅实物形体庞大，而且造价高昂。动辄数百万、数千万、数亿、数十亿，特大型工程项目的造价可达百亿、千亿元人民币。工程造价的大额性使它关系到有关各方面的重大经济利益，同时也会对宏观经济产生重大影响。这就决定了工程造价的特殊地位，也说明了造价管理的重要意义。

（2）工程造价的个别性、差异性

任何一项工程都有特定的用途、功能、规模。因此，对每一项工程的结构、造型、空间分割、设备配置和内外装饰都有具体的要求，从而使工程内容和实物形态都具有个别性、差异性。产品的差异性决定了工程造价的个别性、差异性。同时，每项工程所处地区、地段都不相同，使这一特点得到强化。

（3）工程造价的动态性

任一项工程从决策到竣工交付使用，都有一个较长的建设时期，而且由于不可控因素的影响，在预计工期内，许多影响工程造价的动态因素，如工程变更，设备材料价格、工资标准以及费率、利率、汇率会发生变化。这种变化必然会影响到造价的变动。所以，工程造价在整个建设期中处于不确定的状态，直到竣工决算后才能最终确定工程的实际造价。

（4）工程造价的层次性

造价的层次性取决于工程的层次性。一个建设项目往往由含有多个能够独立发挥设计效能的单项工程组成，一个单项工程又是由能够各自发挥专业效能的多个单位工程组成。与此相适应，工程造价有3个层次：建设项目总造价、单项工程造价和单位工程造价。

（5）工程造价的兼容性

造价的兼容性首先表现在它具有两种含义，其次表现在造价构成因素的广泛性和复杂性。其中为获得建设工程用地支出的费用、项目可行性研究和规划设计费用，与政府一定时期政策（特别是产业政策和税收政策）相关的费用占有相当的份额。

3. 建筑工程造价的作用

工程造价涉及国民经济各部门、各行业，涉及社会再生产中的各个环节，也直接关系到人民群众的生活和城镇居民的居住条件，所以，它的作用范围和影响程度都很大。其作用主要有以下几点。

（1）建设工程造价是项目决策的依据

工程造价决定着项目的一次投资费用。投资者是否有足够的财务能力支付这笔费用，是否认为值得支付这项费用，是项目决策中要考虑的主要问题。财务能力是一个独立的投资主体必须首先解决的问题。如果建设工程的价格超过投资者的支付能力，就会迫使他放弃拟建的项目；如果项目投资的效果达不到预期目标，他也会自动放弃拟建的工程。因此，在项目决策阶段，建设工程造价就成为项目财务分析和经济评价的重要依据。

（2）建设工程造价是制定投资计划和控制投资的依据

工程造价在控制投资方面的作用非常明显。工程造价是通过多次预估，最终通过竣工决算确定下来的。每一次预估的过程就是对造价的控制过程；而每一次估算对下一次估算又都是对造价严格的控制，具体讲，每一次估算都不能超过前一次估算的一定幅度。这种控制是在投资者财务能力的限度内为取得既定的投资效益所必需的。

（3）建设工程造价是筹集建设资金的依据

投资体制的改革和市场经济的建立，要求项目的投资者必须有很强的筹资能力，以保证工程建设有充足的资金供应。工程造价基本决定了建设资金的需要量，从而为筹集资金提供了比较准确的依据。当建设资金来源于金融机构的贷款时，金融机构在对项目的偿贷能力进行评估的基础上，也需要依据工程造价来确定给予投资者的贷款数额。

（4）工程造价是评价投资效果的重要指标

建设工程造价是一个包含着多层次工程造价的体系，就一个工程项目来说，它既是建设项目的总造价，又包含单项工程的造价和单位工程的造价，同时也包含单位生产能力的造价，或一个平方米建筑面积的造价等。所有这些，使工程造价自身形成了一个指标体系。它能够为评价投资效果提供出多种评价指标，并能够形成新的价格信息，为今后类似项目的投资提供参照系。

（5）建设工程造价是合理利益分配和调节产业结构的手段

工程造价的高低，涉及国民经济各部门和企业间的利益分配。在市场经济中，工程造价也无例外地受供求状况的影响，并在围绕价值的波动中实现对建设规模、产业结构和利益分配的调节。加上政府正确的宏观调控和价格政策导向，工程造价在这方面的作用会充分发挥出来。

【能力测试】

简述建筑工程造价的含义、特点及作用。

二、基本建设的概念及内容

1. 基本建设概念

基本建设是国民经济各部门为了扩大再生产而进行的增加固定资产的经济活动过程。也就是把一定的物资，通过购买、建造、安装和调试等活动，使之形成固定资产，形成新的生产能力和使用效益的过程。因此，基本建设包括建造、安装和购置固定资产的活动及其相关的工作。

2. 基本建设内容

项目建设的内容包括：建筑工程，安装工程，设备、工具、器具购置和其他建设工作。

（1）建筑工程

建筑工程包括各种厂房、仓库、住宅等建筑物和矿井、铁路、公路、码头等构筑物；各种管道、电力和电信导线的敷设工程；设备基础、支柱、工作台、金属结构等工程；水利工程及其他特殊工程等。

（2）安装工程

安装工程包括生产、动力、电信、起重、运输、传动、医疗、实验等设备的安装工程；被安装设备的绝缘、保温、油漆和管线敷设工程；安装设备的测试和无负荷试车；与设备相连的工作台、梯子等的装设工程。

（3）设备、工具、器具购置

设备、工具、器具购置包括一切需要安装与不需要安装设备的购置；车间、实验室等需配备的各种工具、器具及家具的购置等。

（4）其他建设工作

其他建设工作包括上述内容以外的如土地征用，建设场地原有建筑物拆迁赔偿，青苗补偿，建设单位日常管理，生产工人培训等。

一个建设项目的工程造价应包括组成该项目的建筑工程、安装工程，设备、工具、器具购置以及其他建设工作中所发生的一切费用。

3. 基本建设项目的划分

一个建设项目是由许多部分组成的综合体。如果要对项目整体一次性估价，以及进行工料分析计算是很困难的，也可以说是办不到的。因此，就需要借助于某种方法将一个庞大复杂的建筑及安装工程，按照构成性质、组成形式，用途作用等，分门别类地、由大到小地分解为许多简单的而且便于计算的基本组成部分，然后计算出一个建设项目全部建设费用。为了达到这个目的，就必须将一个形体庞大、结构复杂、构成内容繁多的建设项目逐渐分解为建设项目、单项工程、单位工程、分部工程、分项工程等（见图1-1）。

（1）建设项目

建设项目是指在一个总体设计或初步设计范围内进行施工，在行政上具有独立的组织形式，经济上实行独立核算，有法人资格与其他经济实体建立经济往来关系的建设工程实体。建设项目一般是对一个企业或一个事业单位的建设来说的，如××化工厂、××商厦、××大学、××住宅小区等。建设项目可以由一个或几个单项工程组成。

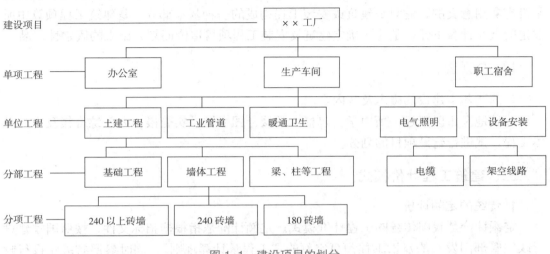

图 1-1　建设项目的划分

（2）单项工程

单项工程是建设项目的组成部分。一个建设项目，可以同时是一个单项工程，也可以包括几个或十几个单项工程。单项工程是指具有独立的设计文件，竣工后能够独立发挥生产能力或使用效益，如工业项目××化工厂中的烧碱车间、盐酸车间等；民用建设项目××大学中的图书馆、理化教学楼等。单项工程是具有独立存在意义的一个完整过程，也是一个极为复杂的综合体，它是由许多单位工程组成。

（3）单位工程

单位工程是指具有单独设计、可以独立组织施工，但竣工后不能独立发挥生产能力或使用效益的过程。一个单项工程，按照它的构成，一般都可以把它划分为建筑工程、设备购置及其安装工程，其中建筑工程还可以按照其中各个组成部分的性质、作用，划分为若干个单位工程。以一幢住宅楼为例，它可以分解为一般土建工程、室内给排水工程、室内采暖工程、电气照明工程等单位工程。

（4）分部工程

每一个单位工程仍然是一个较大的组合体，它本身是由许多结构构件、部件或更小的部分所组成。在单位工程中，按部位、材料和工种进一步分解出来的工程，称为分部工程。如土建工程中可划分出土石方工程、地基与防护工程、砌筑工程、门窗及木结构工程等。

（5）分项工程

由于每一分部工程中影响工料消耗大小的因素仍然很多，所以为了计算工程造价和工料消耗量的方便，还必须把分部工程按照不同的施工方法、不同的构造、不同的规格等，进一步地分解为分项工程。分项工程是指能够单独地经过一定施工工序就能完成，并且可以采用适当计量单位计算的建筑或安装工程。例如每 10m 暖气管道铺设、每 10m³ 砖基础工程等，都分别为一个分项工程。但一般说来分项工程独立的存在往往是没有实用意义的，它只是建筑或安装工程构成的一种基本部分，是建筑工程预算中所取定的最小计算单元，是为了确定建筑及安装工程项目造价而划分出来的假定性产品。

【能力测试】

1. 简述基本建设的概念及其内容。

2. 某地区市区新建一所中学，包括教学楼、图书馆、实验楼、办公综合楼及室外总体工程，试进行建设项目的划分。

三、建筑工程计价模式

1. 传统的定额计价

定额计价是我国传统的工程计价模式。定额计价是指根据招标文件，按照国家建设行政主管部门发布的建设工程预算定额的"工程量计算规则"，同时参照省级建设行政主管部门发布的人工工日单价、机械台班单价、材料以及设备价格信息及同期市场价格，直接计算出直接工程费，再按规定的计算方法计算间接费、利润、税金，汇总确定建筑安装工程造价。

2. 工程量清单计价

工程量清单计价是招标人依据施工图纸、招标文件要求和统一的工程量计算规则以及统一的施工项目划分规定，为投标人提供工程量清单。投标人根据本企业的消耗标准、利润目标，结合工程实际情况、市场竞争情况和企业实力，并充分考虑各种风险因素，自主填报清单所列项目，包括工程直接成本、间接成本、利润和税金在内的单价和合价，并以所报的单价作为竣工结算时增减工程量的计价标准调整工程造价。

显而易见实行工程量清单计价，招标人除提供原有的招标文件内容，还要提供工程量清单，作为招标技术文件。投标人可以依据工程量清单，结合企业自身情况、报价策略，自主报价。评标时，要采用满足招标文件的实质性要求，经评审低价中标方法，但是投标价格低于企业实际成本的除外。

工程量清单计价的基本思路：企业自主报价→合理低报价中标→签订工程承包合同→施工过程调量不调价→业主按完成工程量支付工程款→工程结算价等于合同价加索赔。

实行清单报价计价模式的工程造价基本构成：工程造价＝分部分项工程量清单总价＋措施项目清单总价＋其他项目清单总价＋规费＋税金。三个清单中，投标人报的都是综合单价，即完成工程量清单中一个规定计量单位所需的费用，综合单价＝人工费＋材料费＋机械费＋管理费＋利润，并考虑合同里约定的风险因素构成单价。

3. 定额计价与清单计价的区别

清单计价与定额计价最根本的不同就在于定价权的归属上，是市场形成价格还是政府定价的问题。工程量清单计价就是招标人在招标文件中列出拟建工程的工程数量表（也称工程量清单），投标人按工程量表、招标文件要求自主报价，通过评标竞争确定工程造价的形式。虽然工程量清单计价形式上只是要求招标文件中列出工程量表，但在具体计价过程中涉及造价构成、计价依据、评标办法等一系列问题，这些与定额预结算的计价形式有着根本的区别，所以说工程量清单计价又是一种新的计价形式。

（1）工程计价的区别

工程量清单计价采用综合单价计价，是有别于现行定额工料机单价计价的另一种计价方法。综合单价计价包括完成规定计量单位合格产品的全部费用，含人工费、材料费、机械使用费、管理费、利润并考虑风险因素（除规费、税金以外的全部费用），综合单价不但适用于分部分项工程量清单，也适用于措施项目清单以及其他项目清单。工程量清单计价反映的是企业个别成本。

定额计价中的预算定额，人、材、机消耗量是国家根据有关规范、标准以及社会平均水平来确定的，费用标准是根据不同地区平均水平测算的，定额计价反映的是社会平均成本。

（2）工程量计算的区别

定额计价的工程量，一律由承包方负责计算，计算规则执行的是计价定额（即消耗量定额）的规定，由发包方进行审核。

清单计价的工程量来源于两个方面：一是清单项目的工程量，由清单编制人根据《计价规范》各附录和各省补充项目中的工程量计算规则计算，并填写工程量清单作为招标文件的一部分发至投标人；二是组成清单项目的各个定额分项工程的工程量，由投标人根据计价定额规定的工程量计算规则计算，并执行相应计价定额组成综合单价。

（3）计价定额的区别

定额计价使用的是造价管理部门编制的、具有社会平均水平的预算定额（或消耗量定额），即使是招标投标的建设工程，只要是定额计价，各投标人使用的定额就是相同的。清单计价招标投标的建设工程，招标方使用的定额是具有社会平均水平的消耗量定额；而投标方使用的是企业定额，而企业定额的水平将因企业的综合生产能力而不同，清单计价使用的定额具有多样性。

（4）生产要素价格的区别

定额计价时，工料机价格是取定价格。即使存在动态调整，其调整的标准也是造价管理部门发布的市场信息价格。这种市场信息价格只反映不同时期的变动情况，而在同一时期内，它是一种平均价格，不同的施工企业均按这个平均价格找差，其结果不反映企业的管理水平。

清单计价使用的工料机价格，是报价期内由企业的管理水平所决定的市场价格，在同一报价期内，不同投标人因其管理水平不同，工料机价格也是不同的。因此，清单计价时，使用的生产要素价格也具有多样性。

（5）价格形成机制不同

定额计价时，施工单位获得工程有两种情况：一是通过指令性计划获得工程。通常是先获得工程后计价，其工程价格是通过预算、结算的审批形成的。二是投标获得工程。虽然通过了竞争，但由于都使用了同一水平的定额和生产要素价格，竞争并不充分。并且，这种竞争只是预算人员计算工程量的竞争和人际关系的竞争，不是企业综合生产能力的竞争，阻碍了生产力发展。

清单计价是通过招标投标，在"低价中标"的市场环境中获得工程，中标价基本上就是竣工结算价（或竣工结算价的主体部分）。由于竞争中各投标人使用的定额和生产要素价格具有个性化，反映了企业的实际情况，使真正具有生产能力优势的企业中标，体现客观、公正、公平竞争原则。

（6）计量单位的区别

工程量清单计价，计量单位均采用《计价规范》附录中规定的基本单位。它与定额计量单位不一样，编制清单或报价时，一定要严格遵守。以"t"为单位，应保留小数点后三位数，第四位数四舍五入；以"m^3"、"m^2"、"m"为单位的，应保留小数点后两位数，第三位四舍五入；以"个"、"项"等为单位的应取整数。

部分地区定额计价可能使用人工土方 100m^3，机械土方 1000m^3，砌砖 10m^3，混凝土 10m^3，模板 100m^2，门窗 100m^2，楼地面、屋面、抹面、油漆 100m^2 为计量单位，但福建省在取定计量单位时与工程量清单计价基本一致。

（7）计价格式的区别

根据《计价规范》的要求，清单计价使用"工程量清单计价表"以综合单价计价。工程量清单格式包括封面、填表须知、总说明和分部分项工程量清单，措施项目工程量清单，其他项目清单及配套使用的零星工作项目表。工程量清单计价格式包括封面、投标总价、工程项目总价表、单项工程费汇总表、单位工程费汇总表、分部分项工程量清单计价表、措施项目清单计价表、其他项目清单计价表、零星工作项目计价表、分部分项工程量清单综合单价分析表、措施项目费分析表、主要材料价格表。同时对工程量清单格式及工程量清单计价格式的填写均作了明确的规定。定额计价是以定额分项工程的单价计价，定额计价时，确定直接费和各项费用计算的表格形式是建筑安装工程预算表。

【能力测试】

简述建筑工程两种计价模式的含义及区别。

项目 1.2　建筑工程消耗量定额

【项目描述】

　　通过本项目的学习，学生能够：理解建筑工程定额的概念、特点、作用及分类；掌握人工、材料、机械台班消耗量及单价的确定方法；学会建筑工程消耗量定额的应用。

【基础知识】

建筑工程定额概述

1. 定额的概念、作用和特点

　　定额是一种规定的额度，广义地说，也是处理特定事物的数量界限。在现代社会经济生活中，定额几乎无时无处不在。就生产领域来说，工时定额、原材料消耗定额、原材料和成品半成品储备定额、流动资金定额等，都是企业管理的重要基础。在工程建设领域也存在多种定额，它是确定工程造价的重要依据。更为重要的是，在市场经济条件下，从市场价格机制角度，该如何看待现行工程建设定额在工程价格形成中的作用。因此，在研究工程造价的计价依据和计价方式时，有必要首先对定额和工程建设定额的基本原理有一个基本认识。

　　（1）定额的概念

　　建筑工程定额是指在正常的施工条件下，完成一定计量单位的合格产品所必须消耗的人工、材料和施工机械台班的数量标准。正常的施工条件，是指生产过程按施工工艺和施工验收规范操作，施工环境正常，施工条件完善，劳动组织合理，材料符合质量标准和设计要求并储备合理，施工机械运转正常等。

　　（2）定额的作用

　　定额是企业实行科学管理的必备条件，没有定额就谈不上科学管理。

　　◆　定额是企业计划管理的基础。建筑安装施工企业为了组织和管理施工生产活动，必须编制各种计划。而计划的编制又要依据各种定额来计算人力、物力和财力的需用量。因此，定额是企业计划管理的重要基础。

　　◆　定额是提高劳动生产率的重要手段。施工企业要提高劳动生产率，除了认真做人的工作外，还要贯彻执行各种定额，把企业提高劳动生产率的任务，具体落实到每位职工身上，促使他们采用新技术、新工艺，改进操作方法，改善劳动组织，降低劳动强度，使用更少的劳动量，生产更多的产品，从而提高劳动生产率。

　　◆　定额是衡量设计方案优劣的标准。使用定额和各种概算指标对一个工程的若干设计方案进行技术经济分析，能选择经济合理的最优设计方案。因此，定额是衡量设计方案经济合理性的标准。

◆　定额是推行经济责任制的重要依据。推行投资包干和以招投标为核心的经济责任制是建筑业改革的重要内容。在签订投资包干协议、计算标底和标价、签订承包合同，以及企业内部实行各种形式的承包责任制，都必须以各种定额为主要依据。

◆　定额是科学组织施工和管理施工的有效工具。建筑安装工程施工是由多个工种、部门组成的一个有机整体的施工生产活动。在安排各部门、各工种的生产计划中，无论是计算资源需用量或者平衡资源需用量，组织供应材料，合理配备劳动组织，调配劳动力，签发工程任务单和限额领料单，还是组织劳动竞赛，考核工料消耗，计算和分配劳动报酬等等，都要以各定额为依据。因此，定额是组织和管理施工生产的有效工具。

◆　定额是企业实行经济核算的重要基础。企业为了分析和比较施工生产中的各种消耗，必须以各种定额为依据。工程成本核算时，要以定额为标准，分析比较企业各项成本，肯定成绩，找出差距，提出改进措施，不断降低各种消耗，提高企业的经济效益。由此可见，在市场经济条件下，定额作为管理的手段是不可或缺的。

（3）定额的特点

◆　科学性特点。工程建设定额的科学性包括两重含义。一重含义是指工程建设定额和生产力发展水平相适应，反映出工程建设中生产和消费的客观规律。另一重含义，是指工程建设定额管理在理论、方法和手段上适应现代科学技术和信息社会发展的需要。

工程建设定额的科学性，首先表现在用科学的态度制定定额，尊重客观实际，力求定额水平合理；其次表现在制定定额的技术方法上，利用现代科学管理的成就，形成一套系统的、完整的、在实践中行之有效的方法；第三表现在定额制定和贯彻的一体化。制定是为了提供贯彻的依据，贯彻是为了实现管理的目标，也是对定额的信息反馈。

◆　系统性特点。工程建设定额是相对独立的系统。它是由多种定额结合而成的有机整体。它的结构复杂，有鲜明的层次，有明确的目标。工程建设定额的系统性是由工程建设的特点决定的。按照系统论的观点，工程建设就是庞大的实体系统，工程建设定额是为这个实体系统服务的，因而工程建设本身的多种类、多层次就决定了以它为服务对象的工程建设定额的多种类、多层次。

◆　权威性特点。工程建设定额具有很大的权威，这种权威性在一些情况下具有经济法规性质。权威性反映统一的意志和统一的要求，也反映信誉和信赖程度以及反映定额的严肃性。工程建设定额的权威性的客观基础是定额的科学性。只有科学的定额才具有权威性。但是在社会主义市场经济条件下，它必然涉及各有关方面的经济关系和利益关系。应该提出的是，在社会主义市场经济条件下，对定额的权威性不应绝对化。定额毕竟是主观对客观的反映，定额的科学性会受到人们认识的局限。与此相关，定额的权威性也就会受到削弱和新的挑战。更为重要的是，随着投资体制的改革和投资主体多元化格局的形成，随着企业经营机制的转换，他们都可以根据市场的变化和自身的情况，自主地调整自己的决策行为。在这里，一些与经营决策有关的工程建设定额的权威性特征，自然也就弱化了。但直接与施工生产相关的定额，在企业经营机制转换和增长方式的要求下，其权威性还必须进一步强化。

◆ 稳定性和时效性。工程建设定额中的任何一种都是一定时期技术发展和管理水平的反映，因而在一段时间内都表现出稳定的状态。稳定的时间有长有短，一般在 5 年至 10 年之间。保持定额的稳定性是维护定额的权威性所必需的，更是有效地贯彻定额所必需的基础。如果某种定额处于经常修改变动之中，那么必然造成执行中的困难和混乱，使人们感到没有必要去认真对待它，很容易导致定额权威性的丧失。工程建设定额的不稳定也会给定额的编制工作带来极大的困难。但是工程建设定额的稳定性是相对的。当生产力向前发展了，定额就会与已经发展了的生产力不相适应。这样，它原有的作用就会逐步减弱以至消失，需要重新编制或修订。

2. 建筑工程定额的分类

建筑工程定额种类很多，可分别按照生产要素、编制程序和用途、投资的费用性质、专业性质、主编单位和管理权限进行分类。

（1）按照定额的生产要素（物质消耗内容）分类

可以把建筑工程定额分为劳动消耗定额、材料消耗定额和机械台班使用定额三种。

◆ 劳动消耗定额，简称劳动定额。劳动消耗定额是规定为完成一定合格产品（工程实体或劳务）的劳动消耗数量标准。为了便于综合和核算，劳动定额大多采用工作时间消耗量来计算劳动消耗的数量。所以劳动定额主要表现形式是时间定额，但同时也表现为产量定额。

◆ 材料消耗定额，简称材料定额。是指完成一定合格产品所需消耗材料的数量标准。材料，是工程建设中使用的原材料、成品、半成品、构配件、燃料以及水、电等动力资源的统称。

◆ 机械台班使用定额。机械台班使用定额是以一台机械一个工作班为计量单位，是指为完成一定合格产品（工程实体或劳务）所规定的施工机械消耗的数量标准。机械消耗定额的主要表现形式是机械时间定额，但同时也以机械产量定额表现。

（2）按照定额的编制程序和用途分类

可以把建筑工程定额分为施工定额、预算定额、概算定额、概算指标、投资估算指标五种。

◆ 施工定额。这是施工企业（建筑安装企业）组织生产和加强管理在企业内部使用的一种定额，属于企业生产定额的性质。它由劳动定额、机械定额和材料定额 3 个相对独立的部分组成。为了适应组织生产和管理的需要，施工定额的项目划分很细，是工程建设定额中分项最细、定额子目最多的一种定额，也是工程建设定额中的基础性定额。在预算定额的编制过程中，施工定额的劳动、机械、材料消耗的数量标准，是计算预算定额中劳动、机械、材料消耗数量标准的重要依据。

◆ 预算定额。这是在编制施工图预算时，计算工程造价和计算工程中人工劳动、机械台班、材料需要量使用的一种定额。预算定额是一种计价性定额，在工程建设定额中占有很重要的地位。从编制程序看，预算定额是概算定额的编制基础。

◆ 概算定额。这是编制扩大初步设计概算时，计算和确定工程概算造价，计算人工劳动、机械台班、材料需要量所使用的定额。它的项目划分粗细，与扩大初步设计的深度相适应。它一般是预算定额的综合扩大。

◆ 概算指标。这是在三阶段设计的初步设计阶段，编制工程概算，计算和确定工程的初步设计概算造价，计算劳动、机械台班、材料需要量时所采用的一种定额。这种定额的设定与初步设计的深度相适应。一般是在概算定额和预算定额的基础上编制的，比概算定额更加综合扩大。概算指标是控制项目投资的有效工具，它所提供的数据也是计划工作的依据和参考。

◆ 投资估算指标。它是在项目建议书和可行性研究阶段编制投资估算、计算投资需要量时使用的一种定额。它非常概略，往往以独立的单项工程或完整的工程项目为计算对象。它的概略程度与可行性研究阶段相适应。投资估算指标往往根据历史的预、决算资料和价格变动等资料编制，但其编制基础仍然离不开预算定额、概算定额。

（3）按照投资的费用性质分类

可以把工程建设定额分为建筑工程定额、设备安装工程定额、建筑安装工程费用定额、工器具定额以及工程建设其他费用定额等。

◆ 建筑工程定额，是建筑工程的施工定额、预算定额、概算定额和概算指标的统称。建筑工程，一般理解为房屋和构筑物工程。具体包括一般土建工程、电气工程（动力、照明、弱电）、卫生技术（水暖、通风）工程、工业管道工程、特殊构筑物工程等。广义上它也被理解为除房屋和构筑物外还包含其他各类工程，如道路、铁路、桥梁、隧道、运河、堤坝、港口、电站、机场等工程。根据统计资料，在我国固定资产投资中，建筑工程和安装工程的投资占 60% 左右。因此，建筑工程定额在整个工程建设定额中是一种非常重要的定额。在定额管理中占有突出地位。

◆ 设备安装工程定额，是安装工程施工定额、预算定额、概算定额和概算指标的统称。设备安装工程是对需要安装的设备进行定位、组合、校正、调试等工作的工程。在工业项目中，机械设备安装和电气设备安装工程占有重要地位。因为生产设备大多要安装后才能运转，不需要安装的设备很少。在非生产性的建设项目中，由于社会生活和城市设施的日益现代化，设备安装工程量也在不断增加。所以设备安装工程定额也是工程建设定额中的重要部分。设备安装工程定额和建筑工程定额是两种不同类型的定额。一般都要分别编制，各自独立。但是设备安装工程和建筑工程是单项工程的两个有机组成部分，在施工中有时间连续性，也有作业的搭接和交叉，需要统一安排，互相协调，在这个意义上通常把建筑工程和安装工程作为一个施工过程来看待，即建筑安装工程。所以在通用定额中，有时把建筑工程定额和安装工程定额合二为一，称为建筑安装工程定额。

◆ 建筑安装工程费用定额，一般包括以下部分内容：

现场经费定额，是指与现场施工直接有关，是施工准备、组织施工生产和管理所需的费用定额。间接费定额，是指与建筑安装施工生产的个别产品无关，而为企业生产全部产品所必需、为维持企业的经营管理活动所必须发生的各项费用开支的标准。由于间接费中许多费用的发生与施工任务的大小没有直接关系，因此，通过间接费定额这种工具，有效地控制间接费的发生是十分必要的。工程建设其他费用定额，是独立于建筑安装工程、设备和工器具购置之外的其他费用开支的标准。工程建设的其他费用的发生和整个项目的建设密切相关。它一般要占项目总投资的 10% 左右。其他费用定额是按各项独立费用分别制定的，以便合理控制这些费用的开支。

（4）按照专业性质分类

建筑工程定额分为全国通用定额、行业通用定额和专业专用定额三种。全国通用定额是指在部门间和地区间都可以使用的定额；行业通用定额是指具有专业特点在行业部门内可以通用的定额；专业专用定额是指特殊专业的定额，只能在指定范围内使用。

（5）按照主编单位和管理权限分类

工程建设定额可分为全国统一定额、行业统一定额、地区统一定额、企业定额和补充定额五种。

◆ 全国统一定额是由国家建设行政主管部门，综合全国工程建设中技术和施工组织管理的情况编制，并在全国范围内执行的定额，如全国统一安装工程定额。

◆ 行业统一定额是考虑到各行业各部门专业工程技术特点，以及施工生产和管理水平编制的。一般是只在本行业和相同专业性质的范围内使用的专业定额，如矿井建设工程定额、铁路建设工程定额。

◆ 地区统一定额包括省、自治区、直辖市定额。地区统一定额主要是考虑地区性特点和全国统一定额水平做适当调整补充编制的。

◆ 企业定额是指由施工企业考虑本企业具体情况，参照国家、部门或地区定额的水平制定的定额。企业定额只在企业内部使用，是企业素质的一个标志。企业定额水平一般应高于国家现行定额才能满足生产技术发展、企业管理和市场竞争的需要。

【能力测试】

简述建筑工程定额的概念、特点、作用及其分类。

任务 1.2.1　人工消耗量及单价的确定

【任务描述】

通过本工作任务的实施，学生能够掌握人工消耗量及单价的确定方法并会套用。

【任务实施】

一、人工消耗量指标组成

1. 基本用工
基本用工是指完成单位合格产品所必需消耗的技术工种用工。

2. 超运距用工
超运距用工是指定额中规定的运距超过了劳动定额基本用工范围规定的距离时所增

加的费用。材料半成品的超运距用工实行劳动定额中有关超运距定额；个别没有超运距定额的，执行材料运输专业定额。

3. 辅助用工

辅助用工是指配合技术工种完成材料加工的工时用量，如筛砂子、洗石子等。一般按辅助工种劳动定额相应项目计算增加；个别没有的项目，根据施工实际采用估算用工的方法增加。

4. 人工幅度差

人工幅度差是指劳动定额中未包括但在预算定额中又必须考虑的用工增加，一般用百分率来表示并计算，其包括的内容如下：

（1）工序交叉、机械大修停歇的时间损失。

（2）机械临时维修、小修、移动等造成的不可避免的时间损失。

（3）施工用水电管线移动导致的时间损失。

（4）工程完工、工作面移动导致的工作损失。

人工幅度差的计算公式为：

$$人工幅度差 =（基本用工 + 超运距用工 + 辅助用工）× 人工幅度差率$$

定额人工综合工日数的计算公式如下：

$$综合工日 = \sum（劳动定额基本用工 + 超运距用工 + 辅助用工）×（1 + 人工幅度差率）$$

二、人工单价的确定方法

人工工日单价是计算各种生产工人人工费、施工机械使用费中的人工费的基础单价。

$$人工费 = \sum（定额工日数 × 相应等级日工资标准）$$

1. 工资等级

工资等级是按国家有关规定或企业有关规定，按照劳动者的技术水平、熟练程度和工作责任大小等因素所划分的工资级别。我国建筑业现行工资制度规定，建筑工人工资分为七级，安装工人工资分为八级。各工资等级之间的关系用工资等级系数表示，工资等级系数是表示建筑安装企业各级工人工资标准的比例关系，通常以各级工人工资标准与一级工人工资标准的比例关系来表示。

2. 工日单价的组成

人工工日单价是指一个建筑安装工人一个工作日应计入的全部人工费用。一般包括如下几点。

（1）基本工资：指发放的生产工人的基本工资，包括岗位工资、技能工资、工龄工资。

（2）工资性补贴：是按规定标准发放的物价补贴，煤、燃气补贴，交通费补贴，住房补贴，流动施工补贴，地区津贴等。

（3）生产工人辅助工资：是指生产工人年有效施工天数以外非作业天数的工资，包括职工学习、培训期间的工资，调动工作、探亲、休假期间的工资，因气候影响的停工工资，女工哺乳期间的工资，病假在 6 个月以内的工资及婚、产、丧假期的工资。

（4）职工福利费：是指按规定标准计提的职工福利费。

（5）生产工人劳动保护费：是指按规定标准发放的劳动保护用品的购置费及修理费，徒工服装补贴，防暑降温费，在有碍身体健康环境中施工的保健费用等。

3. 工日单价的计算与确定

建筑安装工人的日工资单价包括基本工资的日工资标准和工资补贴及属于生产工人开支范围的各项费用的日标准工资。其计算公式为：

$$基本工资日工资标准 = 月基本工资 / 月平均工作天数$$

$$月平均工作天数 = （全年天数 - 周六和周日天数 - 法定节日天数）/ 全年月数$$

$$= （365 - 104 - 10）/12 = 20.92 日$$

4. 工日单价的市场化

计价制度的改革，是要真正实现量价分离，由政府宏观调控，企业自主报价，通过市场竞争形成价格。传统方法确定的工日单价在一定时期是固定不变的，而市场人工价格在不断变化。工程造价工作必须适应当前计价制度的改革，适应建筑市场发展的需要，以定额为导向，以市场为依据，建立人工价格信息系统，实现工日单价市场化；及时了解市场人工成本费用行情，了解市场人工价格的变动，合理地确定人工价格水平，对提高工程造价水平具有重要意义。

【能力测试】

1. 简述定额人工消耗量的组成及含义。
2. 简述定额人工单价的组成及含义。

任务 1.2.2　材料消耗量及单价的确定

【任务描述】

通过本工作任务的实施，学生能够掌握材料消耗量的确定；学会材料预算价格的计算。

【任务实施】

一、材料消耗量概述

1. 材料消耗定额的概念

材料消耗定额是指在先进合理的施工条件和合理使用材料的情况下，生产质量合格的单位产品所必须消耗的建筑安装材料的数量标准。

2. 净用量定额和损耗量定额

材料消耗定额包括：

（1）直接用于建筑安装工程上的材料。

（2）不可避免产生的施工废料。

（3）不可避免的材料施工操作损耗。

其中直接构成建筑安装工程实体的材料称为材料消耗净用量定额，不可避免的施工废料和材料施工操作损耗量称为材料损耗量定额。材料消耗用量定额与损耗量定额之间具有下列关系（即：材料损耗量 = 材料净用量 × 损耗率）。

3. 编制材料消耗定额的基本方法

编制材料消耗定额的基本方法包括：现场技术测定法、试验法、统计法、理论计算法。

二、材料价格的组成和确定方法

1. 材料价格的构成

材料价格是指材料（包括构件、成品及半成品等）从其来源地（或交货地点、供应者仓库提货地点）到达施工工地仓库（施工地点内存放材料的地点）后出库的综合平均价格。材料价格一般由材料原价（或供应价格）、材料运杂费、运输损耗费、采购及保管费组成。上述 4 项构成材料基价，此外在计价时，材料费中还应包括单独列项计算的检验试验费。

$$材料费 = \sum（材料消耗量 × 材料基价）+ 检验试验费$$

2. 材料价格的编制依据和确定方法

（1）材料基价

材料基价是材料原价（或供应价格）、材料运杂费、运输损耗费以及采购保管费合计而成的。

（2）材料原价（或供应价格）

材料原价是指材料的出厂价格，进口材料抵岸价或销售部门的批发牌价和市场采购价格（或信息价）。在确定原价时，凡同一种材料因来源地、交货地、供货单位、生产厂家不同，而有几种价格（原价）时，根据不同来源地供货数量比例，采取加权平均的方法确定其综合原价。计算公式如下：

$$加权平均原价 =（K1 × C1 + K2 × C2 + \cdots + Kn × Cn）/（K1 + K2 + \cdots + Kn）$$

式中　$K1$，$K2$，$\cdots$，Kn——各不同供应地点的供应量或各不同使用地点的需要量；

　　　$C1$，$C2$，$\cdots$，Cn——各不同供应地点的原价。

（3）材料运杂费

材料运杂费是指材料自来源地运至工地仓库或指定堆放地点所发生的全部费用。含外埠中转运输过程中所发生的一切费用和过境过桥费用，包括调车和驳船费、装卸费、运输费及附加工作费等。同一品种的材料有若干个来源地，应采用加权平均的方法计算材料运杂费。计算公式如下：

$$加权平均运杂费 = (K1 \times T1 + K2 \times T2 + \cdots + Kn \times Tn) / (K1 + K2 + \cdots + Kn)$$

式中　$K1$，$K2$，$\cdots$，Kn——各不同供应点的供应量或各不同使用地点的需求量；

　　　$T1$，$T2$，$\cdots$，Tn——各不同运距的运费。

（4）运输损耗

在材料的运输中应考虑一定的场外运输损耗费用。这是指材料在运输装卸过程中不可避免的损耗。运输损耗的计算公式是：

$$运输损耗 = (材料原价 + 运杂费) \times 相应材料损耗率$$

（5）采购及保管费

采购及保管费是指材料供应部门（包括工地仓库及其以上各级材料主管部门）在组织采购、供应和保管材料过程中所需的各项费用，包含：采购费、仓储费、工地管理费和仓储损耗。采购及保管费一般按照材料到库价格以费率取定。材料采购及保管费计算公式如下：

$$\begin{aligned}采购及保管费 &= 材料运到工地仓库价格 \times 采购及保管费率 \\ &= (材料原价 + 运杂费 + 运输损耗费) \times 采购及保管费率\end{aligned}$$

综上所述，材料基价的一般计算公式为：

$$\begin{aligned}材料基价 = &\{(供应价格 + 运杂费) \times [1 + 运输损耗率（\%）]\} \\ &\times [1 + 采购及保管费率（\%）]\end{aligned}$$

【例 1-1】某工地水泥从两个地方采购，采购处采购量原价运杂费运输损耗率、采购及保管费率其采购量及有关费用如表 1-1 所示，求该工地水泥的基价。

某工地水泥采购情况　　　　　　　　　　表 1-1

采购处	采购量	原价	运输费	运输损耗率	采购及保管费率
来源一	300t	240 元/t	20 元/t	0.5%	3%
来源二	200t	250 元/t	15 元/t	0.4%	3%

解： 加权平均原价 = （240×300 + 250×200）/（300 + 200）= 244 元/t

加权平均运杂费 = （20×300 + 15×200）/（300 + 200）= 18 元/t

来源一的运输损耗费 = （240 + 20）×0.5% = 1.3 元/t

来源二的运输损耗费 = （250 + 15）×0.4% = 1.06 元/t

加权平均运输损耗费 =（1.3×300+1.06×200）/（300+200）=1.204 元 /t

水泥基价 =（244+18+1.204）×（1+3%）=271.1 元 /t

（6）检验试验费

对建筑材料、构件、建筑安装物一般鉴定、检查所发生的费用，包括自设试验室所耗费的材料和化学药品等费用；不包括新结构、新材料的试验费和建设单位对具有出厂合格证明的材料进行检验，对构件做破坏试验及其他特殊要求检验试验的费用。

【能力测试】

1. 简述材料消耗量的组成及含义；

2. 某工地水泥从某厂家采购 HRB400 直径 20mm 钢筋，采购处采购量为 20t，出厂价 4500 元 /t，运输费为 50 元 /t，运输损耗率为 0，采购及保管费费率 3%,，求该工地 HRB400 直径 20mm 钢筋的材料基价。

任务 1.2.3　机械台班消耗量及单价的确定

【任务描述】

通过本工作任务的实施，学生能够掌握机械台班消耗量及单价的确定并学会套用。

【任务实施】

一、机械台班定额消耗量的确定

1. 确定正常的施工条件

拟定机械工作正常条件，主要是拟定工作地点的合理组织和合理的工人编制。

2. 确定机械 1 小时纯工作正常生产率

机械 1 小时纯工作正常生产率，就是在正常施工组织条件下，具有必需的知识和技能的技术工人操纵机械 1 小时的生产率。对于循环动作机械，确定机械纯工作 1 小时正常生产率的计算公式如下：

机械 1 次循环的正常延续时间 = Σ（循环各组成部分正常延续时间 + 交叠时间）

机械纯工作 1 小时循环次数 =60×60（s）/1 次循环的正常延续时间

3. 确定施工机械的正常利用系数

机械的利用系数和机械在工作班内的工作状况有着密切的关系。确定机械正常利用系数，要计算工作班正常状况下准备与结束工作，机械启动、机械维护等工作所必须消耗的时间，以及机械有效工作的开始与结束时间。从而进一步计算出机械在工作班内的纯工作时间和机械正常利用系数。

4. 计算施工机械台班定额

计算施工机械台班定额的公式如下：

施工机械台班产量定额 = 机械 1 小时纯工作正常生产率 × 工作班纯工作时间

或　施工机械台班产量定额 = 机械 1 小时纯工作正常生产率 × 工作班延续时间

× 机械正常利用系数

施工机械时间定额 =1/ 机械台班产量定额指标

【例 1-2】某工程现场采用出料容量 500L 的混凝土搅拌机，每次循环中，装料、搅拌、卸料、中断需要的时间分别为 1min、3min、1min、1min，机械正常利用系数为 0.9，求该机械的台班产量定额。

解：该搅拌机一次循环的正常延续时间 =1+3+1+1=6min=0.1h

该搅拌机纯工作 1h 循环次数 =10 次

该搅拌机纯工作 1h 正常生产率 =10 × 500=5000L=5m^3

该搅拌机台班产量定额 =5 × 8 × 0.9=36m^3/ 台班

二、机械台班单价的组成和确定

1. 概念

机械台班单价是指施工机械在正常运转条件下一个工作班（一般按 8h 计）所发生的全部费用。施工机械台班单价以"台班"为计量单位。

2. 机械台班单价的构成

机械台班单价共包括两大类费用。第一类费用（不变费用）：折旧费；大修理费；经常修理费；安拆费及场外运输费；第二类费用（可变费用）：燃料动力费；人工费；车船使用税。

3. 机械台班单价的计算

机械台班单价 = 折旧费 + 大修理费 + 经常修理费 + 安拆费及场外运输费 + 燃料动力费 + 人工费 + 车船使用税

（1）台班折旧费 = [机械预算价格 × （1- 残值率）+ 贷款利息] / 耐用总台班数

耐用总台班 = 折旧年限 × 年工作台班

或 耐用总台班 = 大修间隔台班 × 大修周期；大修周期 = 寿命期大修次数 +1

（2）台班达修理费 = 一次大修理费 × 寿命周期大修理次数 / 耐用总台班

（3）台班经常修理费 =Σ（各级保养一次费用 × 寿命周期各级保养次数）/ 耐用总台班

（4）台班安拆费及场外运输费 = 机械一次安拆及场外运输费 × 年平均安拆次数 / 年工作台班

（5）台班燃料动力费 = 台班燃料动力消耗量 × 相应单价

（6）台班人工费 = 人工消耗量 × [1+（年度工作日 – 年工作台班）/ 年工作台班] × 人工单价

（7）台班车船使用税 = （车船使用税 + 年保险费 + 年检费用）/ 年工作台班

【例 1-3】设 6t 载重汽车的预算价格为 18 万元，残值率为 5%，大修间隔台班为 550 个，大修周期为 3 个，贷款利息为 2.8 万元，试计算台班折旧费。

解：由上述已知条件：耐用总台班 =550×3=1650 个

载重汽车折旧费 = [18×（1–5%）+2.8] /1650=0.01206 万元 / 台班

【能力测试】

1. 简述机械台班产量定额与机械时间定额的确定方法。

2. 某工程现场采用出料容量 500L 的砂浆搅拌机，每一次循环中，装料、搅拌、卸料、中断需要的时间分别为 1min、2min、1min、0.5min，机械正常利用系数为 0.9，求该机械的台班产量定额与机械时间定额。

任务 1.2.4 建筑工程消耗量定额组成及应用

【任务描述】

通过本工作任务的实施，学生能够掌握建筑工程消耗量定额组成；学会建筑工程消耗量定额的应用。

【任务实施】

建筑工程消耗量定额是在劳动定额的基础上编制的一种综合性定额，是以复合过程为标定对象，在施工定额的基础上综合扩大而成。人工、材料和机械台班消耗指标，是建筑工程消耗量定额的重要内容。建筑工程消耗量定额水平的高低主要取决于这些指标的合理确定。

一、建筑工程消耗量定额构成

建筑工程消耗量定额一般由目录、建筑面积计算规则、总说明及各章说明、定额项目表以及有关附录组成。

1. 总说明、各章说明及工程量计算规则

总说明介绍定额的适用范围、编制依据、作用，编制定额时已考虑和没有考虑的因素，以及在使用中应注意的事项和有关规定。章（节）说明介绍分部工程消耗量定额的内容及具体使用规定，同时也规定了各分项工程量计算规则。

2. 定额项目表

定额项目表是消耗量定额的主要内容，一般由工作内容、计量单位、项目表和附注组成。工作内容在定额项目表的上方，说明分节工程项目所包含的工作内容。计量单位通常在项目表的右上方或分项工程名称后，它是定额项目的计量单位，也是工程量的计量单位。定额项目表是消耗量定额的主要内容，它反映了一定计量单位分项工程的人工、材料和机械台班消耗量标准。定额项目表的表现形式表 1-2：

砖基础、砖墙 表 1-2

工作内容:(1) 砖基础:调运砂浆、铺砂浆、运砖、清理基槽坑、砌砖等。
　　　　　(2) 砖墙:调、运、铺砂浆,运砖;砌砖包括窗台虎头砖、腰线、门窗套安放木砖、铁件等。

(计量单位:10m³)

定额项目			4—1	4—2	4—3	4—4
项目		单位	砖基础	单面清水砖墙		
				1/2 砖	3/4 砖	1 砖
人工	综合工日	工日	12.18	21.97	21.63	18.87
材料	水泥砂浆 M5	m³	2.36			
	水泥砂浆 M10	m³		1.95	2.13	
	混合砂浆 M2.5	m³				2.25
	烧结普通砖	千块	5.236	5.641	5.510	5.314
	水	m³	1.05	1.13	1.10	1.06
机械	灰浆搅拌机 200L	台班	0.39	0.33	0.35	0.38

注:本表摘自《全国统一建筑工程基础定额》GJD 101-1995。

3. 附录(或附表)

附录(或附表)一般列在建筑工程消耗量定额的最后,包括材料价格、施工机械台班价格取定表、混凝土、砂浆配合比表等,为消耗量定额的使用提供相关资料。

二、建筑工程消耗量定额的应用

建筑工程消耗量定额的应用包括定额的直接套用、定额的换算及定额的补充三个方面。

1. 定额的直接套用

当设计要求与定额项目的内容相一致时,可直接套用定额的预算基价及工料消耗量计算该分项工程的直接费以及工料需用量。套用时注意以下几点:

(1) 根据施工图,设计说明,标准图做法说明,选择建筑工程消耗量定额项目。

(2) 应从工程内容,技术特征和施工方法上仔细核对,才能准确地确定与施工图相对应的建筑工程消耗量定额项目。

(3) 施工图中分项工程的名称,内容和计量单位要与建筑工程消耗量定额项目相对应一致。

【例 1-4】某工程 M2.5 混合砂浆砌筑一砖厚清水砖墙,工程量为 100m³,试根据《全国统一建筑工程基础定额》GJD 101-1995 确定该分项工程的人工、材料和机械台班的需用量。

解:查"表 2-2 砖基础、砖墙"定额项目表中查得该项目定额编号为"4-4"每 10m³ 砖墙消耗量指标如下:综合人工 18.87 工日,M2.5 水泥混合砂浆为 2.25m³,标准砖为

5.314 千块，水为 1.06m³，砂浆搅拌机（200L）为 0.38 台班。

则该分项工程一砖厚混水砖墙人工、材料和机械台班的需用量为：

综合人工	18.87×（100/10）	=188.7 工日
M2.5 水泥混合砂浆	2.25×（100/10）	=22.5 m³
标准砖	5.314×（100/10）	=53.14 千块
水	1.06×（100/10）	=10.6 m³
砂浆搅拌机（200L）	0.38×（100/10）	=3.8 台班

注：本案例采用《全国统一建筑工程基础定额》GJD 101-1995，实际工作中可根据有关规定采用地区建筑工程消耗量定额。

2. 定额的换算

当施工图的设计要求与所选套的相应定额项目内容不一致时，则可根据规定进行定额的换算。定额的换算方法通常是根据定额的分部说明的有关内容和要求进行换算，常见定额的换算方法大致有以下几类：

（1）砌筑砂浆、混凝土强度等级不同的换算

配合比材料主要包括混凝土、砂浆等半成品材料，由于设计施工图与定额配合比（强度等级）不同时，半成品材料用量不变，只是强度等级进行调整。

（2）抹灰厚度不同的换算

对于抹灰砂浆的厚度，如楼地面找平层厚度、墙面抹灰厚度等设计与定额取定不同时，可按比例进行换算。

（3）乘系数换算

根据定额规定的系数对定额项目中规定的有关消耗指标进行调整的一种方法。此种换算比较常见的是人工、机械台班消耗量直接乘以规定的系数，材料用量一般保持不变，换算方法较为简单。如福建省地区定额土石方分部工程说明规定：人工配合机械挖土，人工挖方量小于总挖方量 10% 的，人工挖土套用相应定额乘以系数 1.5。

（4）其他换算

根据定额的分部说明的有关内容和要求进行的其他换算方法。

【例 1-5】某工程设计 M7.5 水泥砂浆砌筑砖基础，工程量为 100m³，试根据《全国统一建筑工程基础定额》GJD 101-1995，确定该分项工程的人工、材料和机械台班的需用量。

解：查"表 2-2 砖基础、砖墙"定额项目表中查得该项目定额编号为"4-1"每 10m³ 砖基础消耗量指标如下：综合人工为 12.18 工日，M5 水泥混合砂浆为 2.36m³，标准砖为 5.236 千块，水为 1.05m³，砂浆搅拌机（200L）为 0.39 台班。

该换算为砌筑砂浆强度等级设计要求与所选套的相应定额项目内容不一致所引起的换算，将 M5 水泥砂浆换成 M7.5 水泥砂浆即可，用量不变。

则该分项工程一砖厚混水砖墙人工、材料和机械台班的需用量为：

综合人工	12.18×（100/10）	=121.8 工日
M10 水泥砂浆	2.36×（100/10）	=23.6 m³

| | | |
标准砖　　　　　　　　　5.236 ×（100/10）=5236 千块
水　　　　　　　　　　　1.05 ×（100/10）=10.5m³
砂浆搅拌机（200L）　　　0.39 ×（100/10）=3.9 台班

【例 1-6】某工程外墙面水刷石，1∶1.25 水泥豆石浆面层厚度为 18mm，工程量为 1956m²，试确定该分项工程的人工、材料和机械台班需用量。

解：根据《全国统一建筑装饰装修工程消耗量定额》GYD 901-2002，查定额项目表。

定额取定水泥豆石浆面层厚度为 12mm，计量单位 m²。

相应消耗量标准为：

综合人工　　　　　　　　0.3692 工日
水泥砂浆（1∶3）　　　　0.0139 m³
水泥豆石浆（1∶2.5）　　0.0140 m³
灰浆搅拌机（200L）　　　0.0047 台班

该换算为抹灰厚度不同的换算可按比例进行换算。

换算后该分项工程人工、材料、机械台班需用量为：

综合人工　　　　　　　　0.3692 ×（18/12）×1956=1083.23 工日
水泥砂浆（1∶3）　　　　0.0139 ×（18/12）×1956=40.78 m³
水泥豆石浆（1∶2.5）　　0.0140 ×（18/12）×1956= 41.08m³
灰浆搅拌机（200L）　　　0.0047 ×（18/12）×1956=13.79 台班

【例 1-7】某工程挖土方工程量 2000m³，挖土深度 1.8m，二类土，采用机械开挖，人工配合挖土方量为开挖工程量的 5%，计算该分项工程人工挖土方的人工用量。（计算依据《福建省建筑工程消耗量定额》）

解：福建省地区定额土石方分部工程说明规定：人工配合机械挖土，人工挖方量小于总挖方量 10% 的，人工挖土套用相应定额乘以系数 1.5。

查定额编号：01007 人工挖土方（一二类土），计量单位 m³
定额消耗量：综合用工　　　0.1723 工日
换算后定额消耗量为：综合用工　　　0.1723×1.5=0.25845 工日
人工挖土方的总人工用量：0.25845×2000×5%=25.845 工日

3. 定额的补充

当施工图的设计由于采用了新结构、新材料、新工艺等，没有类似定额可供套用，就必须编制补充定额。

编制补充定额的方法通常有两种：

（1）按照定额编制消耗量定额指标的确定方法，计算确定有关人工、材料、机械台班的消耗量指标。

（2）参照类似定额项目消耗指标来确定有关人工、机械台班指标，而材料消耗量，则按施工图计算或实际测定。

注：由于建筑工程消耗量定额编制完成后，都会使用相当长一段时间（大致 3～5 年，甚至更长时间），在此期间随着生产技术的发展，新结构、新材料、新工艺等会不断出现，当地建设行政

主管部门通常会适时编制一些新的补充定额，同时也会淘汰一些落后的生产技术，停止使用相应的一些定额项目。工程技术人员尤其是工程造价人员应加强新知识的学习，做到与时俱进。

【能力测试】

1. 某工程一层矩形柱混凝土，设计混凝土强度采用 C30，工程量为 195m³，试结合本地区建筑工程消耗量定额，确定该分项工程的人工、材料和机械台班需用量。

2. 某工程基坑大开挖工程量 3000m³，挖土深度 2.0m，三类土；采用机械开挖，人工配合挖土方量为开挖工程量 8%，试结合本地区建筑工程消耗量定额，计算人工挖土方的人工用量。

项目 1.3 建筑安装工程费用

【项目描述】

> 通过本项目的学习，学生能够：掌握建筑工程费用构成并会计算建筑工程费用。

【基础知识】

一、定额计价的费用构成与计算

通过本节的学习，学生能够理解定额计价费用构成及含义，学会建筑安装工程费用的计算方法。

建筑安装工程费由直接费、间接费、利润和税金组成。

1. 直接费

直接费由直接工程费和措施费组成。

（1）直接工程费的组成

直接工程费是指施工过程中耗费的构成工程实体的各项费用，包括人工费、材料费、施工机械使用费。

◆ 人工费：是指直接从事建筑安装工程施工的生产工人开支的各项费用。

$$人工费 = \sum （工日消耗量 \times 日工资单价）$$

◆ 材料费：指施工过程中耗费的构成工程实体的原材料、辅助材料、构配件、零件、半成品的费用。

$$材料费 = \sum （材料消耗量 \times 材料基价）+ 检验试验费$$

◆ 施工机械使用费：是指施工机械作业所发生的机械使用费以及机械安拆费和场

外运费。

$$施工机械使用费 = \sum（施工机械台班消耗量 \times 机械台班单价）$$

◆ 直接工程费的计算：

$$直接工程费 = \sum（分项工程量 \times 分项工程单价）= 人工费 + 材料费 + 机械费$$
$$分项工程单价 = 定额人工费 + 定额材料费 + 定额机械费$$

注：此处分项工程单价为工料单价

$$定额人工费 = \sum（定额人工用量 \times 人工费单价）$$
$$定额材料费 = \sum（定额材料用量 \times 定额材料费单价）$$
$$定额机械费 = \sum（定额机械台班用量 \times 定额机械台班单价）$$

（2）措施费

是指为完成工程项目施工，发生于该工程施工前和施工过程中非工程实体项目的费用。措施费的一般组成与计算方法如下：

◆ 环境保护费：是指施工现场为达到环保部门要求所需要的各项费用。

$$环境保护费 = 直接工程费 \times 环境保护费费率（\%）$$

◆ 文明施工费：是指施工现场文明施工所需要的各项费用。

$$文明施工费 = 直接工程费 \times 文明施工费费率（\%）$$

◆ 安全施工费：是指施工现场安全施工所需要的各项费用。

$$安全施工费 = 直接工程费 \times 安全施工费费率（\%）$$

◆ 临时设施费：是指施工企业为进行建筑工程施工所必须搭设的生活和生产用的临时建筑物、构筑物和其他临时设施费用等。临时设施包括临时宿舍、文化福利及公用事业房屋与构筑物，仓库、办公室、加工厂以及规定范围内道路、水、电、管线等临时设施和小型临时设施。临时设施费用包括临时设施的搭设、维修、拆除费或摊销费。

◆ 夜间施工费：是指因夜间施工所发生的夜班补助费、夜间施工降效、夜间施工照明设备摊销及照明用电等费用。

◆ 二次搬运费：是指因施工场地狭小等特殊情况而发生的二次搬运费用。

$$二次搬运费 = 直接工程费 \times 二次搬运费费率（\%）$$

◆ 大型机械设备进出场及安拆费：是指机械整体或分体自停放场地运至施工现场或由一个施工地点运至另一个施工地点，所发生的机械进出场运输及转移费用及机械在施工现场进行安装、拆卸所需的人工费、材料费、机械费、试运转费和安装所需的辅助设施的费用。

◆ 混凝土、钢筋混凝土模板及支架费：是指混凝土施工过程中需要的各种钢模板、木模板、支架等的支、拆，运输费用及模板、支架的摊销（或租赁）费用。

◆ 脚手架费：是指施工需要的各种脚手架搭、拆，运输费用及脚手架的摊销（或租赁）费用。

◆ 已完工程及设备保护费：是指竣工验收前，对已完工程及设备进行保护所需费用。

已完工程及设备保护费 = 成品保护所需机械费 + 材料费 + 人工费

◆ 施工排水、降水费：是指为确保工程在正常条件下施工，采取各种排水、降水措施所发生的各种费用。

排水降水费 = Σ 排水降水机械台班费 × 排水降水周期 + 排水降水使用材料费、人工费

措施费项目的计算方法各地区差异较大，各专业工程的专用措施费项目的计算方法由各地区或国务院有关专业主管部门的工程造价管理机构自行制定，实际工作中参照当地建设行政主管部门建筑安装工程费用定额及有关造价文件规定执行。

2. 间接费

间接费由规费、企业管理费组成。

（1）规费

规费是指政府和有关权力部门规定必须缴纳的费用（简称规费），包括以下几点。

◆ 工程排污费：是指施工现场按规定缴纳的工程排污费。

◆ 工程定额测定费：是指按规定支付工程造价（定额）管理部门的定额测定费。

◆ 社会保障费，包括以下几点：

养老保险费：是指企业按国家规定标准为职工缴纳的基本养老保险费。

失业保险费：是指企业按照国家规定标准为职工缴纳的失业保险费。

医疗保险费：是指企业按照国家规定标准为职工缴纳的基本医疗保险费。

◆ 住房公积金：是指企业按国家规定标准为职工缴纳的住房公积金。

◆ 危险作业意外伤害保险：是指按照建筑法规定，企业为从事危险作业的建筑安装施工人员支付的意外伤害保险费。

（2）企业管理费

企业管理费是指建筑安装企业组织施工生产和经营管理所需费用。内容包括以下几点。

◆ 管理人员工资：是指管理人员的基本工资、工资性补贴、职工福利费、劳动保护费等。

◆ 办公费：是指企业管理办公用的文具、纸张、账表、印刷、邮电、书报、会议、水电、烧水和集体取暖（包括现场临时宿舍取暖）用煤等费用。

◆ 差旅交通费：是指职工因公出差、调动工作的差旅费、住勤补助费，市内交通费和误餐补助费，职工探亲路费，劳动力招募费，职工离退休、退职一次性路费，工伤

人员就医路费，工地转移费以及管理部门使用的交通工具的油料、燃料、养路费及牌照费。

◆ 固定资产使用费：是指管理和试验部门及附属生产单位使用的属于固定资产的房屋、设备仪器等的折旧、大修、维修或租赁费。

◆ 工具用具使用费：是指管理使用的不属于固定资产的生产工具、器具、家具、交通工具和检验、试验、测绘、消防用具等的购置、维修和摊销费。

◆ 劳动保险费：是指由企业支付离退休职工的易地安家补助费、职工退职金、6个月以上的病假人员工资、职工死亡丧葬补助费、抚恤金、按规定支付给离休干部的各项经费。

◆ 工会经费：是指企业按职工工资总额计提的工会经费。

◆ 职工教育经费：是指企业为职工学习先进技术和提高文化水平，按职工工资总额计提的费用。

◆ 财产保险费：是指施工管理用财产、车辆保险。

◆ 财务费：是指企业为筹集资金而发生的各种费用。

◆ 税金：是指企业按规定缴纳的房产税、车船使用税、土地使用税、印花税等。

◆ 其他：包括技术转让费、技术开发费、业务招待费、绿化费、广告费、公证费、法律顾问费、审计费、咨询费等。

（3）间接费的计算

间接费的计算方法按取费基数的不同分为以下三方面：

◆ 以直接费为计算基础

$$规费 = 直接费合计 \times 规费费率（\%）$$
$$管理费 = 直接费合计 \times 管理费费率（\%）$$

◆ 以人工费和机械费合计为计算基础

$$规费 = 人工费和机械费合计 \times 规费费率（\%）$$
$$管理费 = 人工费和机械费合计 \times 管理费费率（\%）$$

◆ 以人工费为计算基础

$$规费 = 人工费合计 \times 规费费率（\%）$$
$$管理费 = 人工费合计 \times 管理费费率（\%）$$

间接费的计算方法各地区存在一定差异，实际工作中参照当地建设行政主管部门建筑安装工程费用定额及有关造价文件规定执行。

3. 利润

利润是指按规定应计入建筑安装工程造价的利润，它是施工企业完成所承包工程而获得的盈利。利润依据不同投资来源或工程类别，实施差别利率。

利润的计算方法按取费基数的不同分为以下三种。

（1）以直接费和间接费之和为计算基础

$$利润 =（直接费 + 间接费）\times 利润率（\%）$$

（2）以人工费和机械费合计为计算基础

$$利润 =（人工费合计 + 机械费合计）\times 利润率（\%）$$

（3）以人工费为计算基础

$$利润 = 人工费合计 \times 利润率（\%）$$

利润的计算方法各地区存在一定差异，实际工作中参照当地建设行政主管部门建筑安装工程费用定额及有关造价文件规定执行。

4. 税金

税金是指国家税法规定的应计入建筑安装工程造价内的营业税、城市维护建设税及教育费附加等。为简化，目前我国对以上 3 项费用合并收缴，按照含 3 项费用的综合费率计算，称为营业税、城市维护建设税和教育费附加综合税率，该税率随工程所在地不同而不同。

$$税金 = 税前造价 \times 综合税率（\%）$$

【能力测试】

简述建筑安装工程费用的组成与计算方法。

二、工程量清单计价的费用构成与计算

通过本节的学习，学生能理解清单计价费用构成；学会工程量清单计价费用的计算方法。

《建设工程工程量清单计价规范》GB 50500－2013（以下简称《计价规范》）规定了工程量清单计价从招标控制价的编制、投标报价、合同价款约定、工程计量与价款支付、索赔与现场签证、工程价款调整到工程竣工结算办理及工程造价争议处理等的全部内容。

1. 工程量清单计价基本涵义

（1）工程量清单计价概念

在统一的工程量计算规则的基础上，制定工程量清单项目设置规则，先由投资者（招标单位）自己或投资者所委托的咨询公司根据具体工程的施工图纸计算并编制出反映各个清单项目的工程量清单，投标单位再根据工程量清单，结合各种渠道所获得的工程造价信息、经验数据、企业特点、经营策略等自主计算得到工程造价。

（2）工程量清单计价的费用构成

工程量清单计价费用包括：分部分项工程费、措施项目费、其他项目费、规费和税金五部分。

（3）工程量清单计价的基本计价程序（见表1-3）

工程量清单计价的基本计价程序 表 1-3

序号	费用名称	计算方法
1	分部分项工程费	Σ（分部分项工程量 × 综合单价）
2	措施项目费	按有关规定计算
3	其他项目费	按招标文件计算
4	规费	(1+2+3) × 相关费率
5	税金	(1+2+3+4) × 综合税率
6	含税工程造价	1+2+3+4+5

2. 分部分项工程费

分部分项工程费是指为完成分部分项工程量所需的实体项目费用。分部分项工程费由人工费、材料费、施工机械使用费、企业管理费和利润组成。《计价规范》规定：分部分项工程量清单应采用综合单价计价。综合单价是指完成一个规定计量单位的分部分项工程量清单项目或措施清单项目所需的人工费、材料费、施工机械使用费和企业管理费与利润，以及一定范围内的风险费用。

3. 措施项目费

措施项目费是指施工企业为完成工程项目施工，应发生与该工程施工前和施工过程中生产、生活、安全等方面的非工程实体的费用。措施项目费见表1-4：

通用措施项目费一览表 表 1-4

序号	项目名称
1	安全文明施工（含环境保护、文明施工、安全施工、临时设施）
2	夜间施工
3	二次搬运
4	冬雨季施工
5	大型机械设备进出场及安拆
6	施工排水
7	施工降水
8	地上、地下设施，建筑物的临时保护设施
9	已完工程及设备保护

4. 其他项目费

其他项目费包括招标人部分和投标人部分。招标人部分包括预留金和材料购置费，投标人部分包括计日工和总承包服务费。

5. 规费、税金

规费是根据省级政府或省级有关权力部门规定必须缴纳的应计入建筑安装工程造价的费用。税金是国家税法规定的应计入建筑安装工程造价的营业税、城市维护建设税及教育费附加等。

【能力测试】

简述工程量清单计价费用组成与计算程序。

项目 1.4 建筑工程计量的原理和方法

【项目描述】

　　通过本项目的学习，学生能够理解工程量的概念；理解清单工程量与计价工程量的区别与联系；掌握工程量的一般计算方法。

【基础知识】

工程量计算概述

通过本节的学习，学生能掌握清单工程量计算和计价工程量的计算。

1. 工程量的概念

工程量是指以物理计量单位或自然计量单位所表示的分项工程或结构构件的实物数量。

物理计量单位是以物体（分项工程或构件）的物理法定计量单位来表示工程的数量。如砖墙以"m^3"为计量单位，水磨石地面以"m^2"为计量单位，楼梯栏杆以"m"为计量单位，钢筋工程以"t"为计量单位。

自然计量单位是以物体（分项工程或构件）自身的计量单位来表示的工程数量。如装饰灯具以"套"为计量单位，电气开关盒、插座以"个"为计量单位等。

2. 清单工程量与计价工程量

（1）清单工程量

清单工程量是根据设计施工图并按照《建设工程工程量清单计价规范》GB 50500−2013 的要求及附录表中项目设置及工程量计算规则，进行列项计算出的工程量。

（2）计价工程量

计价工程量又称定额工程量，是投标人根据拟建施工图、施工方案、当地建筑工程消耗量定额及相对应的工程量计算规则计算出的，用以满足工程计价的工程量。

注：本处消耗量定额通常为本地区工程造价管理站组织编制的地区消耗量定额，如"福建省建筑工程消耗量定额"。

（3）清单工程量与计价工程量的关系

清单工程量计算规则是在《全国统一建筑工程基础定额》的基础上发展起来的，绝大部分保留了基础定额的内容和特点，计价工程量计算规则采用的地区消耗量定额一般也是在《全国统一建筑工程基础定额》的基础上发展起来的，所以二者在多数情况是一致的，当然也有少数地方不大一样，这需要在以后的学习工作中逐步领会。

3. 工程量计算的步骤

工程量计算的步骤通常包含列项、确定计量单位、填列计算式、结果计算四阶段。

（1）列项

根据拟建工程施工图、《建设工程工程量清单计价规范》GB 50500-2013 列出清单项目和各清单项目相应的项目特征，并根据当地建筑工程消耗量定额列出清单项目对应的计价项目（定额项目）。

（2）确定计量单位

根据《建设工程工程量清单计价规范》GB 50500-2013 相应项目的计量单位填写，并根据当地建筑工程消耗量定额填写清单项目对应的计价项目（定额项目）的计量单位。

（3）填列计算式

清单项目按《建设工程工程量清单计价规范》GB 50500-2013 规定的工程量计算规则列出计算式，计价项目按当地建筑工程消耗量定额规定的工程量计算规则列出计算式。

注：清单项目计算规则与计价项目计算规则大多数情况是一致的，少数情况有些不一样如"挖基础土方"、"土方回填"等，需要加以注意。

（4）结果计算

根据施工图纸的要求，确定有关部位数据并代入计算式，对数据检查确定无误后，再进行数值计算并汇总。

4. 工程量计算的一般方法

通常有按规范编制顺序、按施工顺序和按统筹法计算三种情况。

（1）按规范编制顺序计算

按照《建设工程工程量清单计价规范》GB 50500-2013 附录中清单项目编码顺序，由前到后、逐项对照进行工程量的计算。

优点是能清楚反映出已算和未算项目，防止漏项，并有利于工程量的整理与报价，此法比较适合初学者。

（2）按施工顺序计算

根据各建筑工程项目的施工工艺特点、按其施工的先后顺序同时考虑计算的方便，如一般民用建筑按照土方工程、钢筋混凝土工程、砌体工程、门窗工程、屋面、外墙面、内墙面、楼地面等施工顺序进行计算。

此法打破了规范分章的界限，计算工作流畅，但对使用者专业技能要求较高，要求具有一定的施工经验，且要求对规范及施工图内容非常熟悉，否则容易漏项。

（3）按统筹法计算

通过对拟建工程项目进行划分，找出各分部分项工程项目之间的内在联系，运用统筹法原理，合理安排计算顺序，使各分项工程项目的计算结果互相关联，将后面要重复使用的基数先算出来，从而达到节约时间、简化计算，避免重复性计算，提高工作效率。

运用统筹法计算工程量的基本要点：

◆ 统筹顺序，合理安排。比如要算墙体工程，必须要扣除门窗面积，那么门窗工程可以先行计算。

◆ 利用基数，连续计算。基数即"三线一面"（外墙中心线、内墙净长线、底层建筑面积）。

◆ 一次算出，多次使用。如定型的构配件，可预先算出，装订成册，供计算时多次使用。

◆ 结合实际，灵活运用。比如层与层之间很多项目工程量大同小异，可采用局部补加或补减计算。

5. 工程量计算的一般顺序

通常有按顺时针方向计算，按先横后竖、先下后上、先左后右的顺序计算，按轴线编号及按构配件编号计算四种情况。

（1）按顺时针方向计算

从施工平面图左上角或左下角开始，由左向右、由外向内环绕一周，再回到起点，该法适用于计算外墙挖基槽、外墙基础、外墙墙体等计算。

（2）按先横后竖、先下后上、先左后右的顺序计算

从施工平面左上角或左上角开始先横后竖、先下后上，先左后右的顺序依次计算，该法较适用于计算内墙挖基槽、内墙基础、内墙墙体等计算，该法较为常用。

（3）按轴线编号顺序计算

按照横向轴线编号①～②……依次计算，按照纵向轴线编号 Ⓐ～Ⓑ……依次计算，该法适用于内外墙挖基槽、内外墙基础、内外墙墙体等计算，该法较为常用。

（4）按构配件编号顺序计算

按建筑、结构中的构配件编号顺序依次计算，如混凝土工程基础 DJ1\DJ2\DJ3……，柱 KZ1\KZ2\KZ3……，梁 KL1\KL2\KL3……，板 B1\B2\B3……门窗工程 M1\M2\M3……等，该法较为常用。

注：实际工作中应结合拟建施工图的具体情况，个人习惯灵活选择应用

【能力测试】

简述工程量的概念及工程量计算的一般方法与顺序。

项目 1.5　分项工程综合单价的计算

【任务描述】

通过本工作任务的实施，学生能理解综合单价的概念；学会分项工程综合单价的计算方法。

【任务实施】

一、综合单价的概念

综合单价是相对于各分部分项工程单价而言，是指完成一个规定计量单位的分部分项工程量清单项目或措施项目所需人工费、材料费、施工机械使用费、管理费与利润，以及一定范围内的风险费用。

二、综合单价计算方法

清单工程量乘以综合单价等于该清单项目对应各计价工程量发生的全部人工费、材料费、施工机械使用费、管理费与利润，以及一定范围内的风险费用之和。计算步骤如下：

1. 计算全部人工费

$$人工费 = \sum（计价工程量 \times 定额用工量 \times 人工单价）$$

2. 计算全部材料费

$$材料费 = \sum（计价工程量 \times 定额材料消耗量 \times 材料单价）$$

3. 计算全部机械费

$$机械费 =（计价工程量 \times 定额机械台班量 \times 台班单价）$$

4. 计算管理费

$$管理费 = 计费基础 \times（1 + 管理费费率）$$

5. 计算利润

$$利润 = 计费基础 \times（1 + 利润率）$$

注：计费基础按照当地建设行政主管部门规定执行，通常为"人工费"、"人工费＋机械费"或"人工费＋材料费＋机械费"三种情况。

6. 计算综合单价

$$清单工程量 × 综合单价 = 人工费 + 材料费 + 机械费 + 管理费 + 利润$$
$$综合单价 = （人工费 + 材料费 + 机械费 + 管理费 + 利润）/ 清单工程量$$

【例 1-8】某工程人工挖沟槽土方，二类土，挖土深度 1.8m，根据施工图计算清单工程量为 113.4m³，投标人根据拟定的施工方案计算出计价工程量为 152.22m³，沟边堆土 60.0m³，现场堆土 74.36m³，采用人工运输（运距 60m），弃土 17.86m³，采用双轮车运输（运距 200m）。已知当时当地人工单价为 80 元 / 工日，电动打夯机机械台班单价为 50 元 / 台班，管理费和利润综合费率取定为 35%（计费基础为直接费），试根据《全国统一建筑工程基础定额》（表 1-5～表 1-7）计算挖沟槽土方工程量清单分项工程的综合单价。

人工挖沟槽、基坑（计量单位：100m³）　　　　　　表 1-5

定额编号			1-5	1-6
项目		单位	挖沟槽一、二类土深度（m 以内）	
			2	4
人工	综合工日	工日	33.74	43.52
机械	电动打夯机	台班	0.18	0.08

土方运输（计量单位：100m³）　　　　　　表 1-6

定额编号			1-49	1-50
项目		单位	人工运土方	
			运距 20m 内	运距 200m 内每增加 20m
人工	综合工日	工日	20.40	4.56

土方运输（计量单位：100 m³）　　　　　　表 1-7

定额编号			1-53	1-54
项目		单位	单（双）轮车运土方	
			运距 50m 内	运距 500m 内每增加 50m
人工	综合工日	工日	16.44	2.64

解：

（1）计算全部人工费

查表 1：人工挖沟槽定额 1-5 人工用量　33.74 工日 /100m³

人工挖沟槽人工需用量 = 152.22m³ × 33.74 工日 /100m³=51.352 工日

查表 2：人工运土方定额 1-49 及 1-50 人工用量（20.40+4.56×2）工日 /100m³

人工运土方人工需用量 =74.36m³×（20.40+4.56×2）工日 /100m³=21.951 工日

查表 3：双轮车运土方定额 1-53 及 1-54 人工用量（16.44+2.64×3）工日 /100m³

双轮车运土方人工需用量 =17.86m³×（16.44+2.64×3）工日 /100m³=4.351 工日

全部人工费 =（51.352+21.951+4.351）×80=6212.32 元

（2）计算全部材料费

本分项工程无材料消耗

全部材料费 =0 元

（3）计算全部机械费

查表 1：人工挖沟槽定额 1-5 机械台班用量　电动打夯机 0.18 台班 /100m³

人工挖沟槽电动打夯机台班需用量 =152.22m³×0.18 台班 /100m³=0.274 台班

查表 2：人工运土方无机械使用量

查表 3：双轮车运土方无机械使用量

全部机械费 =0.274×50=13.70 元

（4）计算管理费和利润

管理费和利润 =（6212.32+13.70）×35%=2179.12 元

（5）综合单价 =（6212.32+13.70+2179.12）/ 清单工程量

= （6212.32+13.70+2179.12）/113.4

=74.12 元 /m³

【能力测试】

　　某工程矩形柱 C30 混凝土清单工程量 35m³，管理费和利润综合费率取定为 45%，计费基础为"人工费 + 机械费"，试结合本地区建筑工程消耗量定额并结合市场信息价，计算该分项工程综合单价。

模块 2
建筑面积的计算

【模块概述】

　　通过本模块的学习，学生能够理解建筑面积的概念；了解建筑面积的作用；掌握建筑面积的计算规则；学会实际工程建筑面积的计算。

【学习支持】

《建筑工程建筑面积计算规范》GB/T 50353－2013

一、术语

1. 建筑面积　construction area
   建筑物（包括墙体）所形成的楼地面面积。
2. 自然层　floor
   按楼地面结构分层的楼层。
3. 结构层高　structure story height
   楼面或地面结构层上表面至上部结构层上表面之间的垂直距离。
4. 围护结构　building enclosure
   围合建筑空间的墙体、门、窗。
5. 建筑空间　space
   以建筑界面限定的、供人们生活和活动的场所。
6. 结构净高　structure net height
   楼面或地面结构层上表面至上部结构层下表面之间的垂直距离。
7. 围护设施　enclosure facilities
   为保障安全而设置的栏杆、栏板等围挡。
8. 地下室　basement
   室内地平面低于室外地平面的高度超过室内净高的 1/2 的房间。
9. 半地下室　semi-basement
   室内地平面低于室外地平面的高度超过室内净高的 1/3，且不超过 1/2 的房间。

10. 架空层　stilt floor

　　仅有结构支撑而无外围护结构的开敞空间层。

11. 走廊　corridor

　　建筑物中的水平交通空间。

12. 架空走廊　elevated corridor

　　专门设置在建筑物的二层或二层以上，作为不同建筑物之间水平交通的空间。

13. 结构层　structure layer

　　整体结构体系中承重的楼板层。

14. 落地橱窗　french window

　　突出外墙面且根基落地的橱窗。

15. 凸窗（飘窗）bay window

　　凸出建筑物外墙面的窗户。

16. 檐廊　eaves gallery

　　建筑物挑檐下的水平交通空间。

17. 挑廊　overhanging corridor

　　挑出建筑物外墙的水平交通空间。

18. 门斗　air lock

　　建筑物入口处两道门之间的空间。

19. 雨篷　canopy

　　建筑出入口上方为遮挡雨水而设置的部件。

20. 门廊　porch

　　建筑物入口前有顶棚的半围合空间。

21. 楼梯 stairs

　　由连续行走的梯级、休息平台和维护安全的栏杆（或栏板）、扶手以及相应的支托结构组成的作为楼层之间垂直交通使用的建筑部件。

22. 阳台　balcony

　　附设于建筑物外墙，设有栏杆或栏板，可供人活动的室外空间。

23. 主体结构　major structure

　　接受、承担和传递建设工程所有上部荷载，维持上部结构整体性、稳定性和安全性的有机联系的构造。

24. 变形缝　deformation joint

　　防止建筑物在某些因素作用下引起开裂甚至破坏而预留的构造缝。

25. 骑楼　overhang

　　建筑底层沿街面后退且留出公共人行空间的建筑物。

26. 过街楼　overhead building

　　跨越道路上空并与两边建筑相连接的建筑物。

27. 建筑物通道 passage

为穿过建筑物而设置的空间。

28. 露台 terrace

设置在屋面、首层地面或雨篷上的供人室外活动的有围护设施的平台。

29. 勒脚 plinth

在房屋外墙接近地面部位设置的饰面保护构造。

30. 台阶 step

联系室内外地坪或同楼层不同标高而设置的阶梯形踏步

二、计算建筑面积的规定

1. 建筑物的建筑面积应按自然层外墙结构外围水平面积之和计算。结构层高在2.20m及以上的，应计算全面积；结构层高在2.20m以下的，应计算1/2面积。

2. 建筑物内设有局部楼层时，对于局部楼层的二层及以上楼层，有围护结构的应按其围护结构外围水平面积计算，无围护结构的应按其结构底板水平面积计算，且结构层高在2.20m及以上的，应计算全面积，结构层高在2.20m以下的，应计算1/2面积。

3. 对于形成建筑空间的坡屋顶，结构净高在2.10m及以上的部位应计算全面积；结构净高在1.20m及以上至2.10m以下的部位应计算1/2面积；结构净高在1.20m以下的部位不应计算建筑面积。

4. 对于场馆看台下的建筑空间，结构净高在2.10m及以上的部位应计算全面积；结构净高在1.20m及以上至2.10m以下的部位应计算1/2面积；结构净高在1.20m以下的部位不应计算建筑面积。室内单独设置的有围护设施的悬挑看台，应按看台结构底板水平投影面积计算建筑面积。有顶盖无围护结构的场馆看台应按其顶盖水平投影面积的1/2计算面积。

5. 地下室、半地下室应按其结构外围水平面积计算。结构层高在2.20m及以上的，应计算全面积；结构层高在2.20m以下的，应计算1/2面积。

6. 出入口外墙外侧坡道有顶盖的部位，应按其外墙结构外围水平面积的1/2计算面积。

7. 建筑物架空层及坡地建筑物吊脚架空层，应按其顶板水平投影计算建筑面积。结构层高在2.20m及以上的，应计算全面积；结构层高在2.20m以下的，应计算1/2面积。

8. 建筑物的门厅、大厅应按一层计算建筑面积，门厅、大厅内设置的走廊应按走廊结构底板水平投影面积计算建筑面积。结构层高在2.20m及以上的，应计算全面积；结构层高在2.20m以下的，应计算1/2面积。

9. 对于建筑物间的架空走廊，有顶盖和围护设施的，应按其围护结构外围水平面积计算全面积；无围护结构、有围护设施的，应按其结构底板水平投影面积计算1/2面积。

10. 对于立体书库、立体仓库、立体车库，有围护结构的，应按其围护结构外围水平面积计算建筑面积；无围护结构、有围护设施的，应按其结构底板水平投影面积计算建筑面积。无结构层的应按一层计算，有结构层的应按其结构层面积分别计算。结构层高在 2.20m 及以上的，应计算全面积；结构层高在 2.20m 以下的，应计算 1/2 面积。

11. 有围护结构的舞台灯光控制室，应按其围护结构外围水平面积计算。结构层高在 2.20m 及以上的，应计算全面积；结构层高在 2.20m 以下的，应计算 1/2 面积。

12. 附属在建筑物外墙的落地橱窗，应按其围护结构外围水平面积计算。结构层高在 2.20m 及以上的，应计算全面积；结构层高在 2.20m 以下的，应计算 1/2 面积。

13. 窗台与室内楼地面高差在 0.45m 以下且结构净高在 2.10m 及以上的凸（飘）窗，应按其围护结构外围水平面积计算 1/2 面积。

14. 有围护设施的室外走廊（挑廊），应按其结构底板水平投影面积计算 1/2 面积；有围护设施（或柱）的檐廊，应按其围护设施（或柱）外围水平面积计算 1/2 面积。

15. 门斗应按其围护结构外围水平面积计算建筑面积，且结构层高在 2.20m 及以上的，应计算全面积；结构层高在 2.20m 以下的，应计算 1/2 面积。

16. 门廊应按其顶板的水平投影面积的 1/2 计算建筑面积；有柱雨篷应按其结构板水平投影面积的 1/2 计算建筑面积；无柱雨篷的结构外边线至外墙结构外边线的宽度在 2.10m 及以上的，应按雨篷结构板的水平投影面积的 1/2 计算建筑面积。

17. 设在建筑物顶部的、有围护结构的楼梯间、水箱间、电梯机房等，结构层高在 2.20m 及以上的应计算全面积；结构层高在 2.20m 以下的，应计算 1/2 面积。

18. 围护结构不垂直于水平面的楼层，应按其底板面的外墙外围水平面积计算。结构净高在 2.10m 及以上的部位，应计算全面积；结构净高在 1.20m 及以上至 2.10m 以下的部位，应计算 1/2 面积；结构净高在 1.20m 以下的部位，不应计算建筑面积。

19. 建筑物的室内楼梯、电梯井、提物井、管道井、通风排气竖井、烟道，应并入建筑物的自然层计算建筑面积。有顶盖的采光井应按一层计算面积，且结构净高在 2.10m 及以上的应计算全面积；结构净高在 2.10m 以下的，应计算 1/2 面积。

20. 室外楼梯应并入所依附建筑物自然层，并应按其水平投影面积的 1/2 计算建筑面积。

21. 在主体结构内的阳台，应按其结构外围水平面积计算全面积；在主体结构外的阳台，应按其结构底板水平投影面积计算 1/2 面积。

22. 有顶盖无围护结构的车棚、货棚、站台、加油站、收费站等，应按其顶盖水平投影面积的 1/2 计算建筑面积。

23. 以幕墙作为围护结构的建筑物，应按幕墙外边线计算建筑面积。

24. 建筑物的外墙外保温层，应按其保温材料的水平截面积计算，并计入自然层建筑面积。

25. 与室内相通的变形缝，应按其自然层合并在建筑物建筑面积内计算。对于高低联跨的建筑物，当高低跨内部连通时，其变形缝应计算在低跨面积内。

26. 对于建筑物内的设备层、管道层、避难层等有结构层的楼层，结构层高在 2.20m 及以上的，应计算全面积；结构层高在 2.20m 以下的，应计算 1/2 面积。

【任务描述】

通过本工作任务的实施，学生能够理解建筑面积的概念；了解建筑面积的作用；掌握建筑面积的计算规则；学会实际工程建筑面积的计算。

【任务实施】

1. 建筑面积的概念

建筑面积亦称建筑展开面积，是指建筑物各层面积之和。建筑面积包括使用面积、辅助面积和结构面积。

（1）使用面积

是指建筑物各层平面布置中，可直接为生产或生活使用的净面积之和。居室净面积在民用建筑中，亦称"居住面积"。

（2）辅助面积

是指建筑物各层平面布置中为辅助生产或生活所占净面积总和，使用面积与辅助面积的总和称为"有效面积"。

（3）结构面积

是指建筑物各层平面布置中的墙体、柱、垃圾道、通风道、附属烟囱等结构所占面积的总和。

2. 建筑面积的作用

一直以来，建筑面积在建筑工程造价管理方面起着非常重要的作用，是建筑房屋计算工程量的主要指标，是计算单位工程每平方米预算造价的主要依据，是统计部门汇总发布房屋建筑面积完成情况的基础。其作用主要包括以下几方面：

（1）计算建筑物占地面积、土地利用系数、使用面积系数、有效面积系数，以及开工、竣工面积，优良工程率等指标的依据。

（2）也是一项建筑工程重要的技术经济指标，可通过其计算各经济指标，如单位面积造价、人工材料消耗指标。

（3）建筑面积是检查、控制施工进度计划的重要经济指标。

（4）建筑面积是计算有关分项工程工程量的重要依据。如综合脚手架、垂直运输等按建筑面积计算。

（5）建筑面积是折旧、出售、租赁等房产交易活动的重要依据。

3. 建筑面积的计算

（1）单层建筑物的建筑面积，应按其外墙勒脚以上的结构外围水平面积计算（见图2-1）。

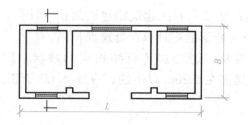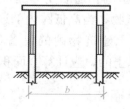

图2-1 单层建筑物

建筑面积可用下式表示：$S = L \times B$

式中　S——单层建筑物建筑面积；

　　　L——两端山墙勒脚以上外表面间水平距离；

　　　B——两纵墙勒脚以上外表面间水平距离。

◆　单层建筑物高度在 2.20m 及以上者应计算全面积；高度不足 2.20m 者应计算 1/2 面积。

【例 2-1】试计算图 2-2 某单层建筑物的建筑面积。

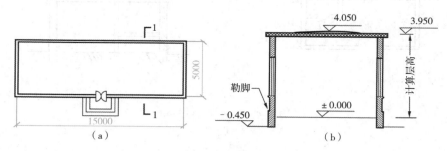

图 2-2　单层建筑物平面图及剖面图
(a) 平面；(b) 1-1 剖面

解：$S =$（15+0.24）×（5.0+0.24）=79.86m²

◆　利用坡屋顶内空间时，顶板下表面至楼面的净高超过 2.10m 的部位应计算全面积；净高在 1.20～2.10m 的部位应计算 1/2 面积；净高不足 1.20m 的部位不应计算面积。

【例 2-2】试计算图 2-3 坡屋顶内空间的建筑面积。

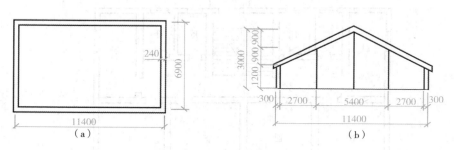

图 2-3　坡屋顶建筑物示意图
(a) 平面；(b) 坡屋顶立面

解：S=5.4×（6.9+0.24）+（2.7+0.24）×（6.9+0.24）×0.5×2=57.83m²

说明：①建筑面积的计算是以勒脚以上外墙结构外边线计算，勒脚是墙根部很矮的一部分墙体加厚，不能代表整个外墙结构，因此要扣除勒脚墙体加厚的部分。②单层建筑物应按不同的高度确定其面积的计算。其高度指室内地面标高至屋面板板面结构标高之间的垂直距离。遇有以屋面板找坡的平屋顶单层建筑物，其高度指室内地面标高至屋面板最低处板面结构标高之间的垂直距离。③坡屋顶内建筑面积计算时将坡屋顶的建筑按不同净高确定其面积的计算。净高指楼面或地面至上部楼板底面或吊顶底面之间的垂直距离。

（2）单层建筑物内设有局部楼层者，局部楼层的二层及以上楼层，有围护结构的应按其围护结构外围水平面积计算，无围护结构的应按其结构底板水平面积计算。层高在 2.20m 及以上者应计算全面积；层高不足 2.20m 者应计算 1/2 面积（见图 2-4）。

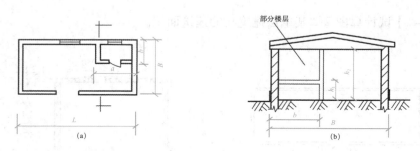

图 2-4　部分楼层建筑物
（a）平面图；　（b）立面图

（3）多层建筑物建筑面积，按各层建筑面积之和计算，其首层建筑面积按外墙勒脚以上结构的外围水平面积计算，两层及两层以上按外墙结构的外围水平面积计算。

【例 2-3】某 6 层砖混结构住宅楼（见图 2-5），2 ~ 6 层建筑平面图均相同，如图 2-5 所示。阳台为不封闭阳台，首层无阳台，其他均与二层相同。计算其建筑面积。

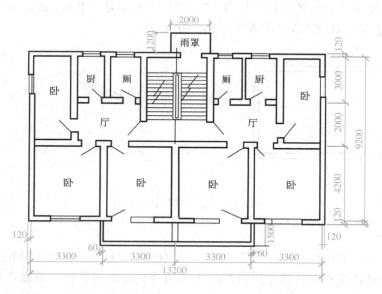

图 2-5　某砖混结构住宅楼 2 ~ 6 层平面图

解： 首层建筑面积 S_1=（9.20+0.24）×（13.2+0.24）m²=126.87m²

S_{2-6}=Sz+Sy（2 ~ 6 层建筑面积相同，包括主体面积和阳台面积）

式中　Sz——主体面积；

　　　Sy——阳台面积。

$Sz=S_1×5-126.87×5=634.35m^2$

$Sy=(1.5-0.12)×(3.3×2+0.06×2)×5×1/2=23.18m^2$

$S_{2\sim6}=634.35+23.18=657.53m^2$

总建筑面积 $S=S_1+S_{2\sim6}=（126.87+657.53）m^2=784.40m^2$

（4）对于场馆看台下的建筑空间，结构净高在 2.10m 及以上的部位应计算全面积；结构净高在 1.20m 及以上至 2.10m 以下的部位应计算 1/2 面积；结构净高在 1.20m 以下的部位不应计算建筑面积。室内单独设置的有围护设施的悬挑看台，应按看台结构底板水平投影面积计算建筑面积。有顶盖无围护结构的场馆看台应按其顶盖水平投影面积的 1/2 计算面积。

【例 2-4】试计算图 2-6 建筑物场馆看台下（做更衣室）的建筑面积。

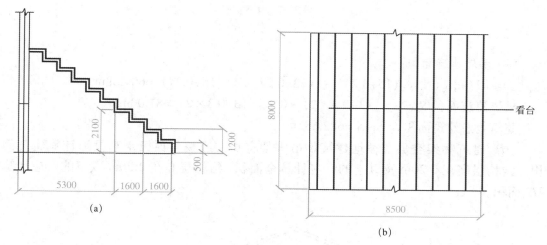

图 2-6　看台
(a) 剖面；(b) 平面

解：$S=8×（5.3+1.6×0.5）=48.8（m^2）$

（5）地下室、半地下室应按其结构外围水平面积计算。结构层高在 2.20m 及以上的，应计算全面积；结构层高在 2.20m 以下的，应计算 1/2 面积。出入口外墙外侧坡道有顶盖的部位，应按其外墙结构外围水平面积的 1/2 计算面积。

【例 2-5】已知某房屋和通向半地下室的坡道（有顶盖）平面和剖面图（图 2-7），试计算该房屋总建筑面积。

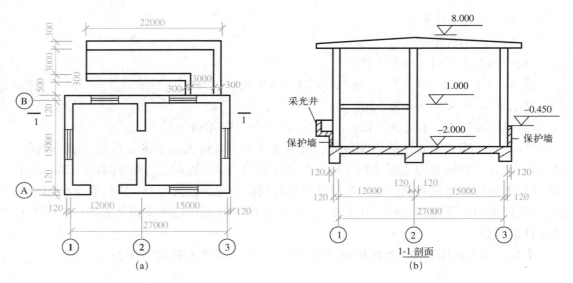

图 2-7　地下室

(a) 平面图；(b) 剖面图

解：房屋建筑面积：

$S_1=$（27+0.24）×（15+0.24）+（12+0.24）×（15+0.24）=601.68m^2

坡道建筑面积 S_2=22×（3+0.3×2）+0.5×（3+0.3×2）=81.00m^2

建筑物总建筑面积 $S=S_1+S_2$=682.68m^2

（6）建筑物架空层及坡地建筑物吊脚架空层，应按其顶板水平投影计算建筑面积。结构层高在 2.20m 及以上的，应计算全面积；结构层高在 2.20m 以下的，应计算 1/2 面积。

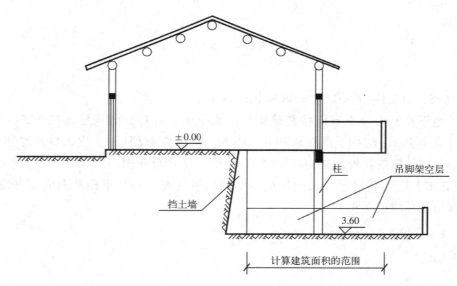

图 2-8　坡地建筑物吊脚架空层

【例 2-6】试计算图 2-9 深基础地下架空层的建筑面积。

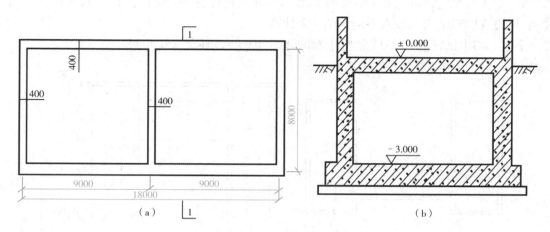

图 2-9　深基础地下架空层
(a) 平面图；(b) 1-1剖面图

解：建筑面积 $S=（18+2×0.2）×（8+2×0.2）=154.56m^2$

（7）建筑物的门厅、大厅按一层计算建筑面积。门厅、大厅内设有回廊时，应按其结构底板水平面积计算。层高在 2.20m 及以上者应计算全面积；层高不足 2.20m 者应计算 1/2 面积。

【例 2-7】试计算图 2-10 大厅回廊的建筑面积。

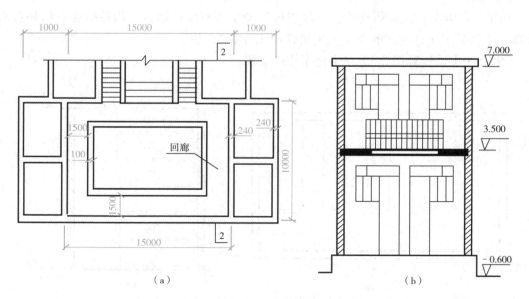

图 2-10　大厅回廊
(a) 二层平面示意图；(b) 剖面示意图

解：$S=（15-0.24-1.6+10-0.24-1.6）×2×1.6=68.22m^2$

（8）建筑物间有围护结构的架空走廊，应按其围护结构外围水平面积计算。层高在2.20m及以上者应计算全面积；层高不足2.20m者应计算1/2面积。有永久性顶盖无围护结构的应按其结构底板水平面积的1/2计算。

【例2-8】试计算图2-11架空走廊的建筑面积（墙体厚240mm）。

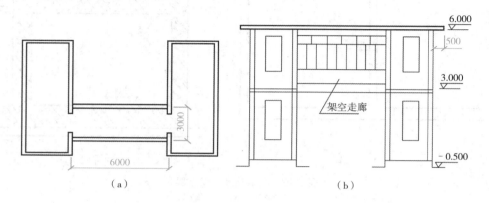

图2-11 架空走廊
（a）平面示意图；（b）剖面示意图

解：$S=（6-0.24）\times（3+0.24）=18.66m^2$

（9）立体书库、立体仓库、立体车库，无结构层的应按一层计算，有结构层的应按其结构层面积分别计算。层高在2.20m及以上者应计算全面积；层高不足2.20m者应计算1/2面积。

说明：立体车库、立体仓库、立体书库不论是否有围护结构，均按是否有结构层来计算，计算时应区分不同的层高确定建筑面积计算的范围。

【例2-9】试计算图2-12立体仓库建筑面积。

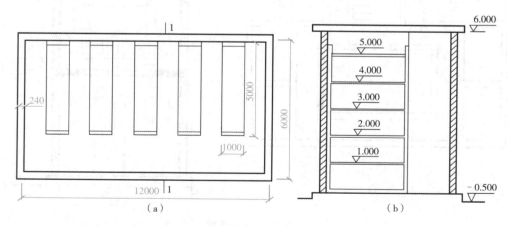

图2-12 立体仓库
（a）货台平面图；（b）1-1剖面图

解：$S=1\times5\div2\times5\times5=62.5m^2$

（10）有围护结构的舞台灯光控制室（见图 2-13），应按其围护结构外围水平面积计算。层高在 2.20m 及以上者应计算全面积；层高不足 2.20m 者应计算 1/2 面积。

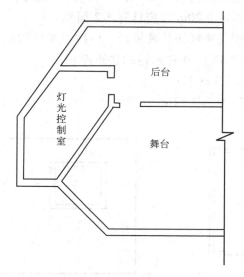

图 2-13　某工程舞台灯光控制室

（11）建筑物外有围护结构的落地橱窗、门斗、挑廊、走廊、檐廊，应按其围护结构外围水平面积计算。层高在 2.20m 及以上者应计算全面积；层高不足 2.20m 者应计算 1/2 面积。有永久性顶盖无围护结构的应按其结构底板水平面积的 1/2 计算。

（12）有永久性顶盖无围护结构的场馆看台（见图 2-14）应按其顶盖水平投影面积的 1/2 计算。

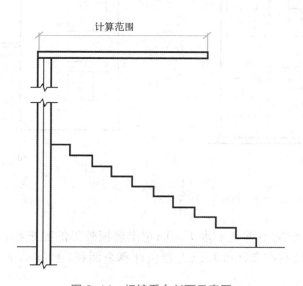

图 2-14　场馆看台剖面示意图

说明：所谓"场馆"实质上是指"场"（如：足球场、网球场等）看台上有永久性顶盖部分。"馆"应是有永久性顶盖和围护结构的，应按单层或多层建筑相关规定计算面积。

（13）建筑物顶部有围护结构的楼梯间、水箱间、电梯机房等，层高在 2.20m 及以上者应计算全面积；层高不足 2.20m 者应计算 1/2 面积。

说明：如遇建筑物屋顶的楼梯间是坡屋顶，应按坡屋顶的相关条文计算面积。

【例 2-10】试计算图 2-15 门斗和水箱的建筑面积。

解：门斗面积 $S = 3.5 \times 2.5 = 8.75 \text{m}^2$

水箱面积 $S = 2.5 \times 2.5 \times 0.5 = 3.13 \text{m}^2$

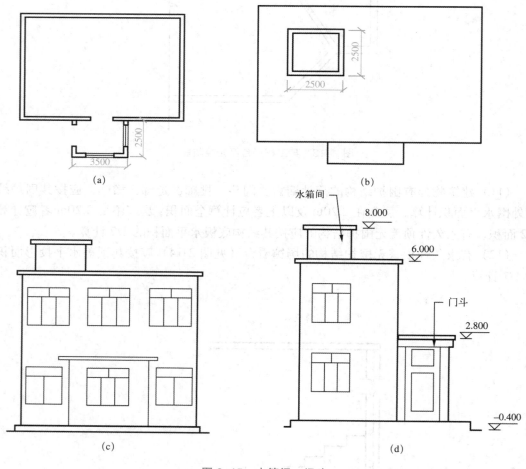

图 2-15　水箱间、门斗
(a) 底层平面；　(b) 顶层平面；　(c) 正立面；　(d) 侧立面

（14）设有围护结构不垂直于水平面而超出底板外沿的建筑物，应按其底板面的外围水平面积计算。层高在 2.20m 及以上者应计算全面积；层高不足 2.20m 者应计算 1/2 面积。

说明：设有围护结构不垂直于水平面而超出底板外沿的建筑物是指向建筑物外倾斜的墙体（见图 2-16），若遇有向建筑物内倾斜的墙体，应视为坡屋顶，应按坡屋顶有关条文计算面积。

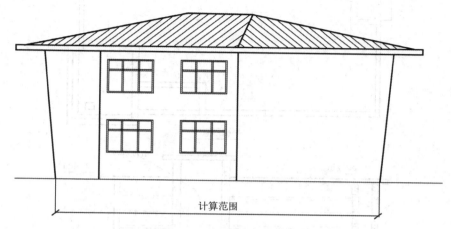

图 2-16　外墙内倾斜建筑物

（15）建筑物内的室内楼梯间、电梯井、观光电梯井、提物井、管道井、通风排气竖井、垃圾道、附墙烟囱应按建筑物的自然层计算。

说明：室内楼梯间的面积计算，应按楼梯依附的建筑物的自然层数计算合并在建筑物面积内。遇跃层建筑，其共用的室内楼梯应按自然层计算面积；上下两错层户室共用的室内楼梯，应选上一层的自然层计算面积（见图 2-17）。

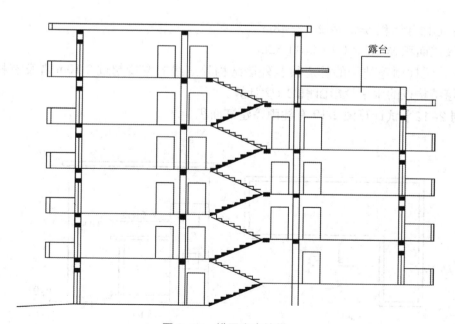

图 2-17　错层室内楼梯

【例2-11】试计算图2-18的电梯井建筑面积及垃圾道的建筑面积。

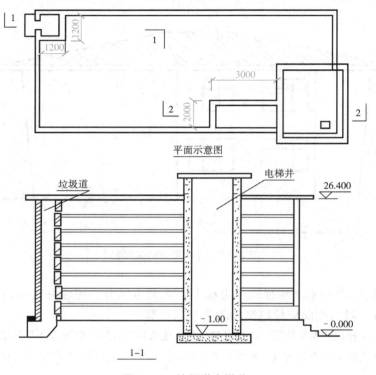

图2-18　垃圾道电梯井

解：电梯井面积 $S=3.0 \times 2 \times 8=48m^2$

垃圾道面积 $S=1.2 \times 1.2 \times 8=11.52m^2$

（16）无柱雨篷结构的外边线至外墙结构外边线的宽度超过 2.10m 者及有柱雨篷，应按雨篷结构板的水平投影面积的 1/2 计算。

【例2-12】试计算图2-19有柱雨篷建筑面积。

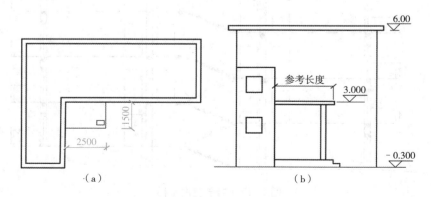

图2-19 雨篷
（a）平面；（b）南立面

解：$S=2.5 \times 1.5 \times 0.5=1.88m^2$

（17）有永久性顶盖的室外楼梯，应按建筑物自然层的水平投影面积的 1/2 计算。

【例 2-13】 试计算图 2-20 所示的单层室外楼梯建筑面积。

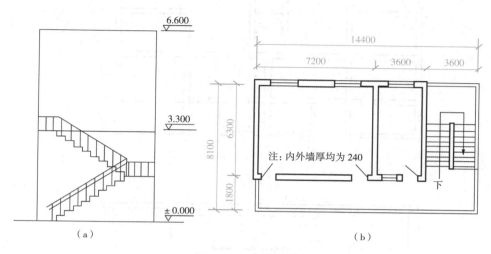

图 2-20　室外楼梯
(a) 侧立面图；(b) 二层平面图

解：$S=0m^2$

室外楼梯，最上层楼梯无永久性顶盖，或不能完全遮盖楼梯的雨篷，上层楼梯不计算面积，上层楼梯可视为下层楼梯的永久性顶盖，下层楼梯应计算面积。

（18）在主体结构内的阳台，应按其结构外围水平面积计算全面积；在主体结构外的阳台，应按其结构底板水平投影面积计算 1/2 面积（图 2-21）。

在主体结构内的阳台一般指全凹的阳台，在主体结构外的阳台一般指挑阳台。

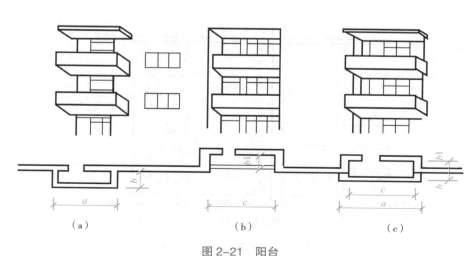

图 2-21　阳台
(a) 挑阳台；(b) 全凹阳台；(c) 半凹半挑阳台

【例2-14】试计算图2-22封闭阳台与挑阳台建筑面积（墙厚240）。

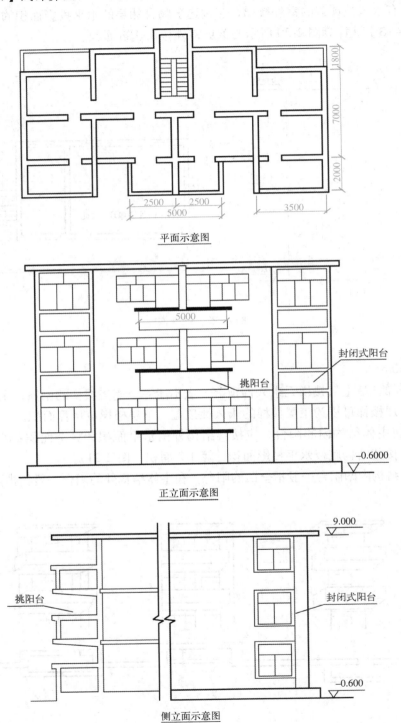

平面示意图

正立面示意图

侧立面示意图

图2-22　阳台

解：$S=$（3.5+0.24）$\times 2 \times 6+5 \times 2 \times 3=74.88\text{m}^2$

（19）有永久性顶盖无围护结构的车棚、货棚、站台（图 2-23）、加油站、收费站等，应按其顶盖水平投影面积的 1/2 计算。

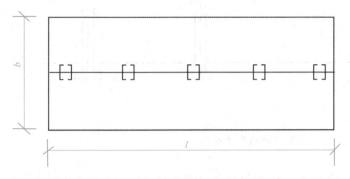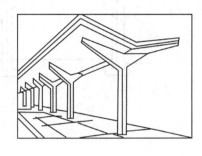

图 2-23　站台

说明：车棚、货棚、站台、加油站、收费站等的面积计算。由于建筑技术的发展，出现许多新型结构，如柱不再是单纯的直立的柱，而出现正"∨"形柱、倒"∧"形柱等不同类型的柱，给面积计算带来许多争议，为此，我们不以柱来确定面积的计算，而依据顶盖的水平投影面积计算。在车棚、货棚、站台、加油站、收费站内设有围护结构的管理室、休息室等，另按相关条款计算面积。

【例 2-15】试计算图 2-24 货棚建筑面积。

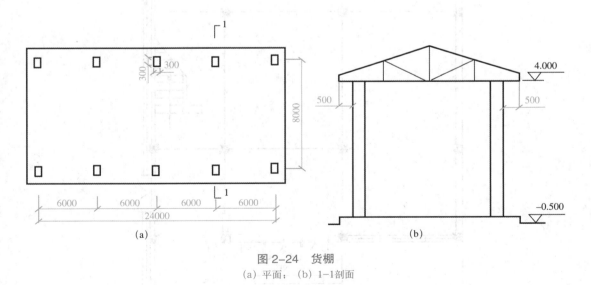

图 2-24　货棚
(a) 平面；(b) 1-1剖面

解：$S=$（8+0.3+0.5$\times$2）$\times$（24+0.3+0.5$\times$2）$\times$0.5=117.65m^2

（20）高低联跨的建筑物（图 2-25），应以高跨结构外边线为界分别计算建筑面积；其高低跨内部连通时，其变形缝应计算在低跨面积内。

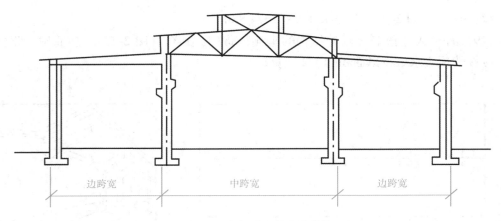

图 2-25　高低联跨单层建筑物

（21）以幕墙作为围护结构的建筑物，应按幕墙外边线计算建筑面积（见图 2-26、图 2-27）。

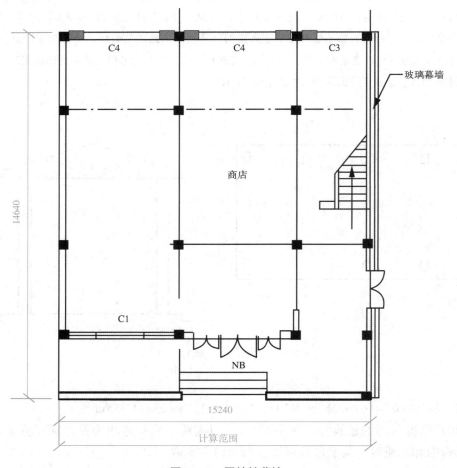

图 2-26　围护性幕墙

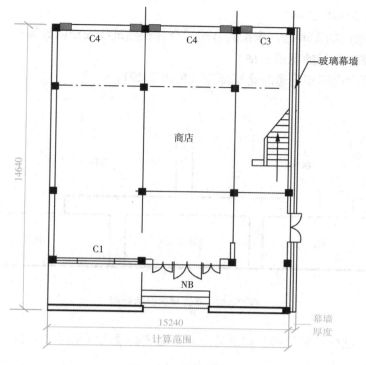

图 2-27 装饰性幕墙

（22）建筑物外墙外侧有保温隔热层的，应按保温隔热层外边线计算建筑面积。

【例 2-16】试计算图 2-28 建筑面积。

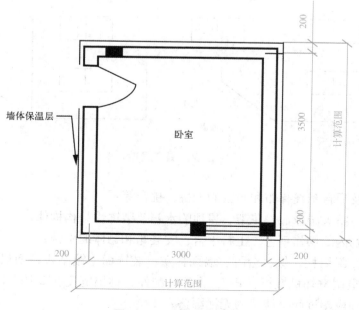

图 2-28 外墙有保温层

解：$S = 3.4 \times 3.9 = 13.26 \mathrm{m}^2$

（23）建筑物内的变形缝，应按其自然层合并在建筑物面积内计算。

4. 不计算建筑面积的范围包括

（1）与建筑物内不相连通的建筑部件（见图2-29）；

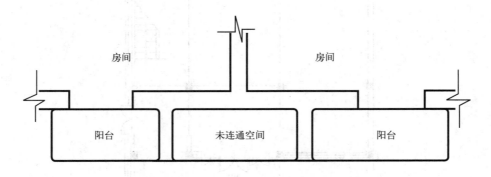

图 2-29 某工程未连通空间

（2）骑楼、过街楼底层的开放公共空间和建筑物通道（见图2-30）；

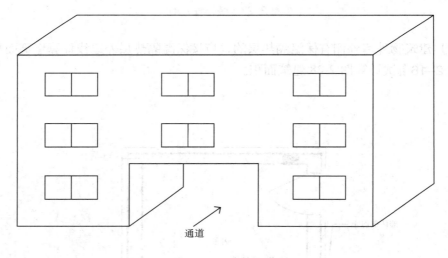

图 2-30 建筑通道

（3）舞台及后台悬挂幕布和布景的天桥、挑台等；

（4）露台、露天游泳池、花架、屋顶的水箱及装饰性结构构件；

（5）建筑物内的操作平台、上料平台、安装箱和罐体的平台；

（6）勒脚、附墙柱、垛、台阶、墙面抹灰、装饰面、镶贴块料面层、装饰性幕墙，主体结构外的空调室外机搁板（箱）、构件、配件，挑出宽度在2.10m以下的无柱雨篷和顶盖高度达到或超过两个楼层的无柱雨篷；

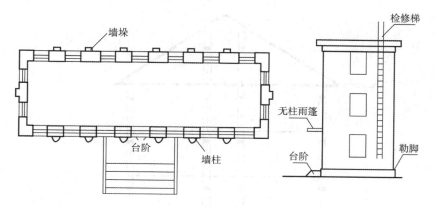

图 2-31　不计建筑面积的构件

（7）窗台与室内地面高差在 0.45m 以下且结构净高在 2.10m 以下的凸（飘）窗，窗台与室内地面高差在 0.45m 及以上的凸（飘）窗（见图 2-32）；不计算建筑面积，但窗台与室内地面高差在 0.45m 以下且结构净高在 2.10m 及以上的凸（飘）窗，应按其围护结构外围水平面积计算 1/2 面积。

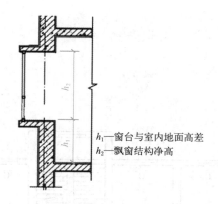

h_1—窗台与室内地面高差
h_2—飘窗结构净高

图 2-32　某工程飘窗示意图

（8）室外爬梯、室外专用消防钢楼梯；

（9）无围护结构的观光电梯；

（10）建筑物以外的地下人防通道，独立的烟囱、烟道、地沟、油（水）罐、气柜、水塔、贮油（水）池、贮仓、栈桥等构筑物。

【能力测试】

1. 归纳建筑面积按结构底板 1/2 计算的规定内容。

2. 归纳建筑面积按结构顶板 1/2 计算的规定内容。

3. 根据图 2-33 建筑剖面图、图 2-34 建筑平面图，计算总建筑面积。

（坡屋顶为双坡屋面，屋面板厚 120）

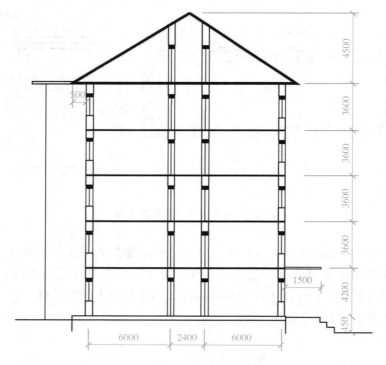

图 2-33 剖面图

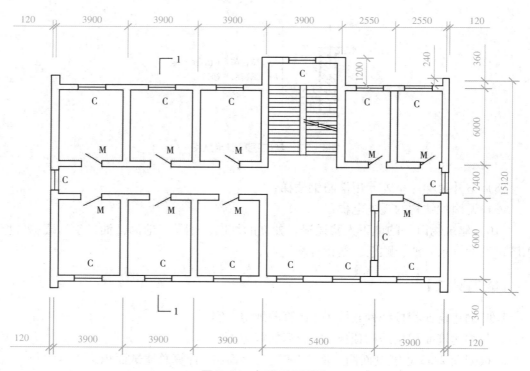

图 2-34 标准层平面图

模块 3
土石方工程计量与计价

【模块概述】

通过本模块的学习，学生能够了解常用土石方工程清单项目的设置；掌握土石方工程量清单编制方法及其清单项目的组价内容；会计算常用土石方工程的清单工程量、编制工程量清单，并能根据土石方工程量清单的工作内容合理组合相应的定额子目、计算其定额工程量及其工程量清单综合单价。

项目 3.1   土石方工程量清单编制

【项目描述】

通过本项目的实施，学生能够了解常用土石方工程清单项目的设置；掌握土石方工程量清单编制方法；会计算常用土石方工程的清单工程量、编制其工程量清单。

【学习支持】

《建设工程工程量清单计价规范》GB 50500-2013 中，土石方工程清单包括土方工程、石方工程以及回填共三节十三个项目。适用于建筑物和构筑物的土石方开挖、回填及土方运输工程。

一、土方工程相关知识

1. 土壤类别、岩石类别

土壤、岩石类别可根据地质勘察报告进行确定。土壤分类见表 3-1、岩石分类见表 3-2。

土壤分类表   表 3-1

土壤分类	土壤名称	开挖方法
一、二类土	粉土、砂土（粉砂、细砂、中砂、粗砂、砾砂）、粉质黏土、弱中盐渍土、软土（淤泥质土、泥炭、泥炭质土）、软塑红黏土、冲填土	用锹、少许用镐、条锄开挖。机械能全部直接铲挖满载者
三类土	黏土、碎石土（圆砾、角砾）混合土、可塑红黏土、硬塑红黏土、强盐渍土、素填土、压实填土	主要用镐、条锄、少许用锹开挖。机械需部分刨松方能铲挖满载者或可直接铲挖但不能满载者
四类土	碎石土（卵石、碎石、漂石、块石）、坚硬红黏土、超盐渍土、杂填土	全部用镐、条锄挖掘、少许用撬棍挖掘。机械须普遍刨松方能铲挖满载者

注：本表土的名称及其含义按国家标准《岩土工程勘察规范》GB 50021-2001（2009 年版）定义。

岩石分类表   表 3-2

岩石分类		代表性岩石	开挖方法
极软岩		1. 全风化的各种岩石； 2. 各种半成岩	部分用手凿工具、部分用爆破法开挖
软质岩	软岩	1. 强风化的坚硬岩或较硬岩； 2. 中等风化—强风化的较软岩； 3. 未风化—微风化的页岩、泥岩、泥质砂岩等	用风镐和爆破法开挖
	较软岩	1. 中等风化—强风化的坚硬岩或较硬岩； 2. 未风化—微风化的凝灰岩、千枚岩、泥灰岩、砂质泥岩等	用爆破法开挖
硬质岩	较硬岩	1. 微风化的坚硬岩； 2. 未风化—微风化的大理岩、板岩、石灰岩、白云岩、钙质砂岩等	用爆破法开挖
	坚硬岩	未风化—微风化的花岗岩、闪长岩、辉绿岩、玄武岩、安山岩、片麻岩、石英岩、石英砂岩、硅质砾岩、硅质石灰岩等	用爆破法开挖

注：本表依据国家标准《工程岩体分级级标准》GB 50218-1994 和《岩土工程勘察规范》GB 50021-2001（2009 年版）整理。

2. 地下水位标高及排降水方法

地下水位标高可根据地质勘察报告进行确定。地下水位以上挖土为挖干土，地下水位以下挖土为挖湿土。排降水方法根据相应专项施工方案进行确定。在招投标阶段如无相应专项施工方案可根据通常施工方案进行确定。排降水工程计量按照"模块＋单价措施项目"进行编码、列项。

3. 土方、沟槽、基坑挖填起止标高、施工方法及运距

挖土应按自然地面测量标高至设计地坪标高的平均厚度确定。竖向土方、山坡切土开挖深度应按基础垫层底表面标高至交付施工现场地标高确定，无交付施工场地标高时，应按自然地面标高确定。土方开挖施工方法及运距根据相应专项施工方案进行确定。在招投标阶段如无相应专项施工方案可根据通常施工方案进行确定。

4. 土方体积折算

土方体积应按天然密实体积计算。非天然密实土方可按表 3-3 折算。

土方体积折算系数表 　　　　　表 3-3

天然密实度体积	虚方体积	夯实后体积	松填体积
0.77	1.00	0.67	0.83
1.00	1.30	0.87	1.08
1.15	1.50	1.00	1.25
0.92	1.20	0.80	1.00

注：①虚方指未经碾压、堆积时间≤1年的土壤。

②本表按《全国统一建筑工程预算工程量计算规则》GJDGZ 101－1995整理。

③设计密实度超过规定的，填方体积按工程设计要求执行；无设计要求按各省、自治区、直辖市或行业建设行政主管部门规定的系数执行。

5. 放坡系数

土方工程开挖过程中，当挖土深度超过一定的深度，边坡若无支护，通常可以采取放坡方式（如图 3-1 所示）来防止边坡坍塌。放坡系数可按表 3-4 进行确定。

放坡系数表 　　　　　表 3-4

土类别	放坡起点（m）	人工挖土	机械挖土		
			在坑内作业	在坑上作业	顺沟槽在坑上作业
一、二类土	1.20	1：0.5	1：0.33	1：0.75	1：0.5
三类土	1.50	1：0.33	1：0.25	1：0.67	1：0.33
四类土	2.00	1：0.25	1：0.10	1：0.33	1：0.25

注：①沟槽、基坑中土类别不同时，分别按其放坡起点、放坡系数、依不同土类别厚度加权平均计算。

②计算放坡时，在交接处的重复工程量不予扣除，原槽、坑做基础垫层时，放坡自垫层上表面开始计算。

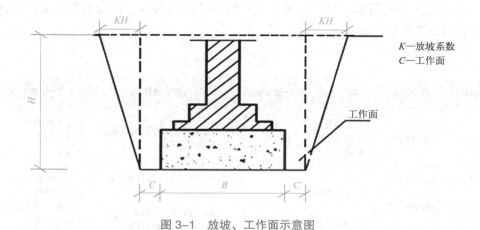

图 3-1　放坡、工作面示意图

6. 基础施工工作面

工作面是指施工操作的预留空间（见图 3-1）。基础施工所需工作面宽度可按表 3-5 进行确定。

基础施工所需工作面宽度 表3-5

基础材料	每边各增加工作面宽度（mm）
砖基础	200
浆砌毛石、条石基础	150
混凝土基础垫层支模板	300
混凝土基础支模板	300
基础垂直面做防水层	1000（防水层面）

注：本表按《全国统一建筑工程预算工程量计算规则》GJDGZ-101-95整理。

7. 管沟施工每侧所需工作面宽度计算表见表3-6

管沟施工每侧所需工作面宽度计算表 表3-6

管沟材料 ＼ 管道结构宽（mm）	≤500	≤1000	≤2500	>2500
混凝土及钢筋混凝土管道（mm）	400	500	600	700
其他材质管道（mm）	300	400	500	600

注：①本表按《全国统一建筑工程预算工程量计算规则》GJDGZ-101-95整理。
②管道结构宽：有管座的按基础外缘，无管座的按管道外径。

二、土方工程工程量计算规则

1. 土方工程

土方工程工程量清单项目的设置、项目特征描述的内容、计量单位及工程量计算规则，应按表3-7的规定执行。

A.1 土方工程（编码：010101） 表3-7

项目编码	项目名称	项目特征	计量单位	工程量计算规则	工作内容
010101001	平整场地	1.土壤类别 2.弃土运距 3.取土运距	m²	按设计图示尺寸以建筑物首层建筑面积计算	1.土方挖填 2.场地找平 3.运输
010101002	挖一般土方	1.土壤类别 2.挖土深度 3.弃土运距	m³	按设计图示尺寸以体积计算	1.排地表水 2.土方开挖 3.围护（挡土板）、支撑 4.基底钎探 5.运输
010101003	挖沟槽土方			按设计图示尺寸以基础垫层底面积乘以挖土深度计算	
010101004	挖基坑土方				
010101005	冻土开挖	1.冻土厚度 2.弃土运距		按设计图示尺寸开挖面积乘厚度以体积计算	1.爆破 2.开挖 3.清理 4.运输

续表

项目编码	项目名称	项目特征	计量单位	工程量计算规则	工作内容
010101006	挖淤泥、流砂	1. 挖掘深度 2. 弃淤泥、流砂距离	m³	按设计图示位置、界限以体积计算	1. 开挖 2. 运输
010101007	管沟土方	1. 土壤类别 2. 管外径 3. 挖沟深度 4. 回填要求	1. m 2. m³	1. 以米计量，按设计图示以管道中心线长度计算 2. 以立方米计量，按设计图示管底垫层面积乘以挖土深度计算；无管底垫层按管外径的水平投影面积乘以挖土深度计算	1. 排地表水 2. 土方开挖 3. 围护（挡土板）、支撑 4. 运输 5. 回填

注：①桩间挖土不扣除桩的体积并在项目特征中加以描述。

②挖土方如需截桩头时，应按桩基工程相关项目编码列项。

③建筑物场地厚度 ≤ ±300mm 的挖、填、运、找平，应按本表中平整场地项目编码列项。厚度 > ±300mm 的竖向布置挖土或山坡切土应按本表中挖一般土方项目编码列项。

④沟槽、基坑、一般土方的划分为：底宽 ≤ 7m，底长 > 3 倍底宽为沟槽；底长 ≤ 3 倍底宽、底面积 ≤ 150m² 为基坑；超出上述范围则为一般土方。

⑤弃、取土运距可以不描述，但应注明由投标人根据施工现场实际情况自行考虑，决定报价。

⑥土壤的分类应按表 3-1 确定，如土壤类别不能准确划分时，招标人可注明为综合，由投标人根据地勘报告决定报价。

⑦土方体积应按挖掘前的天然密实体积计算。如需按天然密实体积折算时，应按表 3-2 系数计算。

⑧挖沟槽、基坑、一般土方因工作面和放坡增加的工程量（管沟工作面增加的工程量），是否并入各土方工程量中，按各省、自治区、直辖市或行业建设主管部门的规定实施，如并入各土方工程量中，办理工程结算时，按经发包人认可的施工组织设计规定计算，编制工程量清单时，可按表 3-3～表 3-5 规定计算。

⑨挖土方出现淤泥、流砂时，如设计未明确，在编制工程量清单时，其工程量可为暂估量，结算时应根据实际情况由发包人与承包人双方现场签证确认工程量。

⑩管沟土方项目适用于管道（给排水、工业、电力、通信）、光（电）缆沟（包括：人孔桩、接口坑）及连接井（检查井）等。

2. 回填

回填工程量清单项目的设置、项目特征描述的内容、计量单位及工程量计算规则，应按表 3-8 的规定执行。

A.2 回填（编码：010103）　　　　　　　　　　　表 3-8

项目编码	项目名称	项目特征	计量单位	工程量计算规则	工作内容
010103001	回填方	1. 密实度要求 2. 填方材料品种 3. 填方粒径要求 4. 填方来源、运距	m³	按设计图示尺寸以体积计算。 1. 场地回填：回填面积乘平均回填厚度。 2. 室内回填：主墙间面积乘以回填厚度，不扣除间隔墙。 3. 基础回填：挖方体积减去自然地坪以下埋设物体积	1. 运输 2. 回填 3. 压实
010103002	余方弃置	1. 废弃料品种 2. 运距		按挖方清单项目工程量减利用回填方体积（正数）计算	余方点装料运输至弃置点

注：①填方密实度要求，在无特殊要求情况下，项目特征可描述为满足设计和规范的要求。

②填方材料品种可以不描述，但应注明由投标人根据设计要求验方后方可填入，并符合相关工程的质量规范要求。

③填方粒径要求，在无特殊要求情况下，项目特征可以不描述。

任务 3.1.1　土石方清单工程量计算

【任务描述】

通过本工作任务的实施，学生能够掌握土石方清单工程量计算方法，会计算常用土石方的清单工程量。

【任务实施】

一、平整场地

工程量按设计图示尺寸以建筑物首层建筑面积计算。

"平整场地"项目适用于建筑物场地厚度 ≤ ±300mm 的挖、填、运、找平，如图3-2 所示。厚度 > ±300mm 的竖向布置挖土或山坡切土应按表 3-1 中"挖一般土方"项目编码列项。

注：此处的建筑物场地的平整厚度指挖填的平均厚度，不是最大厚度。

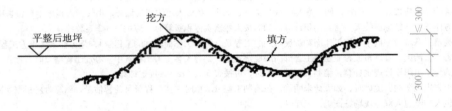

图 3-2　平整场地

【例 3-1】 已知某建筑物首层平面如图 3-3 所示，该建筑物土质为二类土，场地平整的平均厚度在 300mm 以内，求该工程平整场地的清单工程量。

解：

本建筑物场地平整的平均厚度在 300mm 以内，因此应按"平整场地"项目计算，首层建筑面积为外墙以内的水平面积，则平整场地的工程量 $S=16 \times 10=160\text{m}^2$

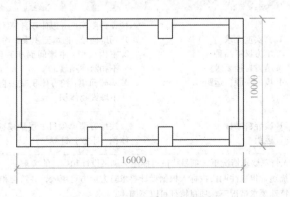

图 3-3　某建筑物首层平面图

二、挖一般土方、场地回填

工程量按设计图示尺寸，按挖掘前的天然密实体积计算。

建筑物场地平整时，挖土或回填土平均厚度＞±300mm 时，则挖土部分按"挖一般土方"列项，回填土部分按"回填方"（场地回填）列项。

【例 3-2】已知某建筑物土质为二类土，该场地平整时挖土部分平均厚度为 500mm，挖方面积为 65.2m²，回填土部分平均厚度为 100mm，填方面积为 258.5m²，如图 3-4 所示，求该工程挖一般土方和场地回填的清单工程量？

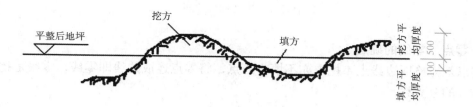

图 3-4　某场地挖方和填方图

解：

挖土平均厚度 = 500mm ＞ ±300mm，故此场地平整应按"挖一般土方"和"场地回填"项目列项。

挖一般土方的工程量 =65.2×0.5=32.6m³

回填方（场地回填）的工程量 =258.5×0.1=25.85m³

如果招标人不能提供平均挖土厚度时，可采用方格网计算法计算挖方或填方的土方量。方格网计算法适用于地形比较平坦或面积比较大的工程。

方格网计算法的计算步骤如下：

1. 划分网格、确定角点的施工高度

在标有等高线的建筑场地形图上，根据地形的复杂程度划分 10 ~ 40m 边长的方格网，将自然地面标高和设计标高分别标出，求出各角点的施工高度，并进角点编号，施工高度标注左上角，编号标注在左下角。如图 3-5 所示，2 号角点的施工高度为 0.5m。

施工高度 = 自然地面标高 − 设计标高

施工高度计算结果为"+"，表示该角点为挖方；结果为"−"，则表示该角点为填方。

0.5	18.55（设计标高）	0.35	18.55
2	19.05（自然地面标高）	3	18.90
−0.2	18.55	−0.45	18.55
8	18.35	9	18.10

图 3–5　方格网标注法

2. 零点、零线的确定

零点是方格网边线上不挖方亦不填方的点，将零点连成的线即零线，零线是挖方区与填方区的分界线。

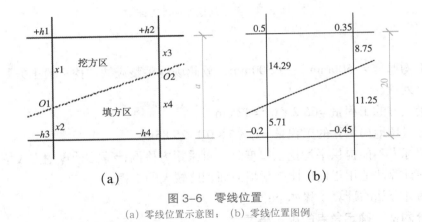

（a）　　　　　　　　　　　　　（b）

图 3–6　零线位置

(a) 零线位置示意图；　(b) 零线位置图例

如图 3-6a 所示，零点 $O1$、$O2$ 的连线即为零线，零点位置的确定计算公式如下：

$$x1 = \frac{ah1}{h1 + h3} \qquad x2 = \frac{ah3}{h1 + h3} = a - x1$$

$$x3 = \frac{ah2}{h2 + h4} \qquad x4 = \frac{ah4}{h2 + h4} = a - x3$$

则如图 3-6b 所示的零线位置的计算如下：

$$x1 = \frac{0.5}{0.7} \times 20 = 14.29\text{m} \qquad x2 = 20 - 14.29 = 5.71\text{m}$$

$$x1 = \frac{0.35}{0.8} \times 20 = 8.75\text{m} \qquad x4=20-8.75=11.25\text{m}$$

3. 计算土方量

按公式计算出挖或填的土方量。常用方格网计算公式见表 3-9。

常用方格网计算公式

表 3-9

类型	图示	计算公式
一点填方（方角的一个点为填方）		$V_{填}=\dfrac{1}{2}bc\dfrac{h_3}{3}=\dfrac{bch_3}{6}$
二点填方（方角的二个点为填方）		$V_{填}=\dfrac{1}{2}(b+c)a\dfrac{h_1+h_3}{4}$ $=\dfrac{(b+c)a(h_2+h_3)}{8}$
三点填方（方角的三个点为填方）		$V_{填}=\left(a^2-\dfrac{bc}{2}\right)\dfrac{h_1+h_2+h_4}{5}$
四点填方（方角的四个点为填方）		$V_{填}=a^2\dfrac{h_1+h_2+h_3+h_4}{4}$

如图 3-5b 所示的挖方量与填方量分别为：

挖一般土方的工程量 =1/2×（14.29+8.75）×20×（0.5+0.35）×1/4=48.96m³

回填方（场地回填）的工程量 =1/2×（5.71+11.25）×20×（0.2+0.45）×1/4=27.56m³

4. 汇总土方量

将所有方格网的挖方区和填方区的土方量汇总，即得到该建筑场地的挖方和填方的总量。

三、挖沟槽土方、挖基坑土方

1. 挖沟槽土方、挖基坑土方与挖一般土方的划分（见表 3-10）。

项目	区分条件		
	挖、填平均厚度（cm）	坑底面积（m²）（长宽比例）	槽底宽度（m）（长宽比例）
平整场地	≤ ±30cm		
挖一般土方	> ±30cm	> 150m²（长≤宽的3倍）	> 7m（长>宽的3倍）
挖沟槽土方			≤ 7m（长>宽的3倍）
挖基坑土方		≤ 150m²（长≤宽的3倍）	

挖沟槽土方、挖基坑土方与挖一般土方的划分界线　　　　表 3–10

2. 挖沟槽土方、挖基坑土方工程量计算

工程量计算方法有两种：

（1）按清单规范表 3-1 中规定计算，清单工程量不考虑工作面和放坡。工程量以基础垫层底面积乘以挖土深度以体积计算。其中挖土深度按基础垫层底面标高至地面标高计算，如图 3-7 所示。

此处的地面标高指交付施工现场地标高。无交付施工场地标高时，应按自然地面标高计算；无地面标高时，则按设计室外地坪标高计算。

（2）按清单规范附注说明，可按各省市或行业建设主管部门的规定（如广东省）将挖沟槽、基坑、一般土方因工作面和放坡增加的工程量并入各土方工程量中。即清单工程量考虑工作面和放坡。此方法放在后面定额工程量计算方法中学习。

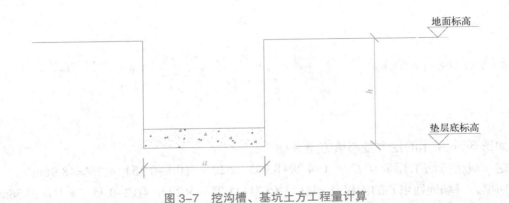

图 3–7　挖沟槽、基坑土方工程量计算

【例 3–3】已知某门卫室的建筑工程基础为独立柱基，基础平面及断面如图 3-8 所示，该建筑场地土质为二类土，交付施工场地标高与设计室外地坪标高相同，为 –0.030，KZ1 的截面尺寸为 400mm×400mm，基础梁面标高均为 –0.200，基础梁断面如图 3-8 所示，求该工程挖沟槽、基坑土方的清单工程量。

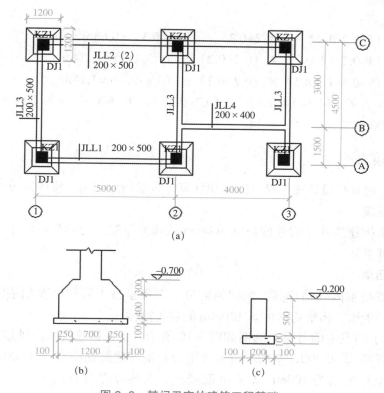

图 3-8 某门卫室的建筑工程基础
(a) 基础平面图；(b) 基础DJ1断面图；(c) 基础梁JLL1断面图

解：

用方法一计算清单工程量，不考虑放坡和工作面，挖 DJ1 基坑土方和挖 JLL1 沟槽土方如图 3-9 所示，则计算过程如下：

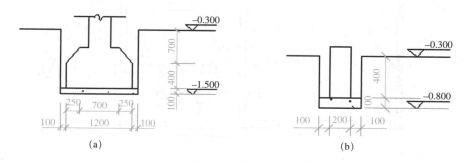

图 3-9 挖基坑、沟槽示意图
(a) 挖DJ1基坑土方示意图；(b) 挖JLL1沟槽土方示意图

挖基坑土方：

DJ1：$1.4 \times 1.4 \times (1.5-0.3) \times 6 = 2.352 \times 6 = 14.11\text{m}^3$

合计：14.11m^3

挖沟槽土方：

A×1-2：(5-0.2-1.4) × (0.2+0.2) × (0.8-0.3) =0.68m³

B×2-3：(4-0.2×2-0.2) × (0.2+0.2) × (0.7-0.3) =0.54m³

C×1-3：(9-0.4-1.4×2) × (0.2+0.2) × (0.8-0.3) =1.16m³

1、2、3×A-C：(4.5-0.4-1.4) × (0.2+0.2) × (0.8-0.3) ×3=0.54×3=1.62m³

合计：4.00m³

四、回填方

回填方工程量按设计图示尺寸以体积计算，包括场地回填、室内回填和基础回填。

1. 场地回填

场地回填指建筑物平均厚度＞±300mm的场地平整，此项目已在上述第2点中讲明，这里不再重复。

2. 室内回填

室内回填指室内外地坪高差需回填部分。工程量按主墙间净面积乘以回填厚度计算。这里的"主墙"指结构厚度＞120mm的各类墙体。

【例3-4】门卫室的首层平面图如图3-10所示，已知该建筑物内外墙均厚180mm，其室外地坪标高为-0.300，室内（包台阶平台）地坪建筑面标高±0.000，结构面标高为-0.050，地坪垫层为100mm厚C15混凝土，其他高差部分填土，场地土质为二类土，求该工程室内回填土的清单工程量。

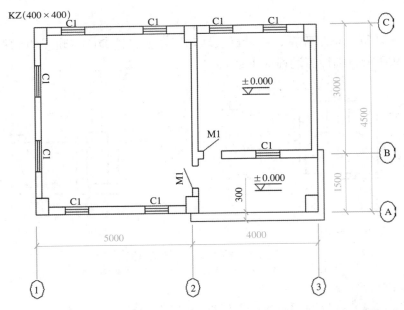

图3-10 门卫室首层平面图

解：

内外地坪结构高差为-0.05-（-0.30）=0.25m，回填土厚度按内外地坪结构高差扣除混凝土垫层厚，则回填土厚度 =0.25–0.1=0.15m。

室内回填土体积为：

1-2×A-C：(5+0.2–0.18) × (4.5–0.36) ×0.15=3.117m³

2-3×B-C：(4–0.2–0.18) × (3–0.18–0.09) ×0.15=1.482m³

2-3×A-B台阶平台：(4–0.2–0.3) × (1.5–0.09–0.3) ×0.15=0.583m³

合计：5.18m³

3. 基础回填

基础回填按清单挖方体积减去设计室外地坪以下埋设的基础体积（包括基础垫层、其他基础及墙柱）计算。

【例3–5】试计算如图 3-8 所示的门卫室的基础回填土的清单工程量。

解：

基础回填土体积按挖方体积扣除外地坪以下基础体积计算，计算过程如下：

挖基坑、沟槽土方体积：14.11+4=18.11m³

外地坪以下埋设物体积：

独立基础DJ1：1.2×1.2×0.4+1/6×[0.7²+1.2²+ (0.7+1.2)²]×0.3=0.853m³×6=5.118m³

DJ1 垫层：1.4×1.4×0.1×6=1.176m³

基础梁：

A×1-2：(5–0.4–0.2) ×0.2× (0.5–0.1) =0.352m³

B×2-3：(4–0.2×2) ×0.2× (0.4–0.1) =0.216m³

C×1-3：(9–0.4×3) ×0.2× (0.5–0.1) =0.624m³

1、2、3×A-C：(4.5–0.4×2) ×0.2× (0.5–0.1) ×3=0.296×3=0.888m³

基础梁小计：2.08m³

基础梁垫层：

A×1-2：(5–0.2–0.7) × (0.2+0.2) ×0.1=0.164m³

B×2-3：(4–0.2×2) × (0.2+0.2) ×0.1=0.144m³

C×1-3：(9–0.4–0.7×2) × (0.2+0.2) ×0.1=0.288m³

1、2、3×A-C：(4.5–0.4–0.7) × (0.2+0.2) ×0.1×3=0.136×3=0.408m³

基础梁垫层小计：1.00m³

KZ1 室外地坪以下体积：0.4×0.4× (0.7–0.3) ×6=0.384m³

外地坪以下埋设物体积小计：5.118+1.176+2.08+1.00+0.384=9.76m³

则基础回填土体积 =18.11–9.76=8.35m³

五、余方弃置

用挖方体积减去利用的回填方体积，如果为正数，表示回填土方后还有剩余的土方，则按"余方弃置"列项计算；如果为负数，表示挖方不够回填，需取土回填（即"缺方内运"），缺方内运土方不另列项计算，并入回填土报价内。

余方弃置体积 = 挖方体积 – 回填方体积

如果不考虑场地回填，则有：

余方弃置体积＝挖方体积－（室内回填方体积＋基础回填方体积）＝外地坪以下基础体积－室内回填方体积

【例 3-6】如图 3-8 所示的门卫室的挖沟槽、基坑土方均可利用作回填土方，该工程平整场地无挖方或填方，招标人指定弃土地点或取土地点的运距为 20km，试计算余方弃置的清单工程量。

解：余方弃置的体积＝挖沟槽、基坑土方体积－（室内回填土体积＋基础回填土体积）＝外地坪以下基础体积－室内回填土体积，计算过程如下：

挖沟槽、基坑土方体积：18.11m³

室内回填土体积：5.18m³

基础回填土体积：8.35m³

外地坪以下基础体积：9.76m³

则余方弃置体积 =18.11–5.18–8.35=9.76–5.18=4.58m³ ＞ 0，

土方回填完还有剩余，则该工程需弃置土方量为 4.58m³。

【能力测试】

已知某框架结构的建筑工程基础为独立柱基，其建筑首层平面图（见图 3-11）、基础平面（见图 3-12）及独立基础、基础梁大样见图 3-13，该建筑场地土质为二类土，交付施工场地标高与设计室外地坪标高相同，为 –0.030，外墙 180mm 厚，内墙 120mm 厚，KZ1、KZ2 的截面尺寸分别为 400mm×500mm、500mm×500mm，基础梁面标高均为 –0.200，室内（包台阶平台）地坪建筑面标高 ±0.000，结构面标高为 –0.050，地坪垫层为 150mm 厚 C15 混凝土，其他高差部分填土。试计算该工程平整场地、挖沟槽土方、基坑土方及余方弃置的清单工程量。

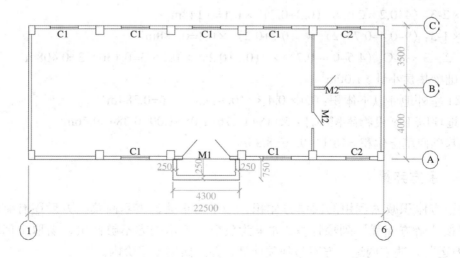

图 3–11　首层平面图

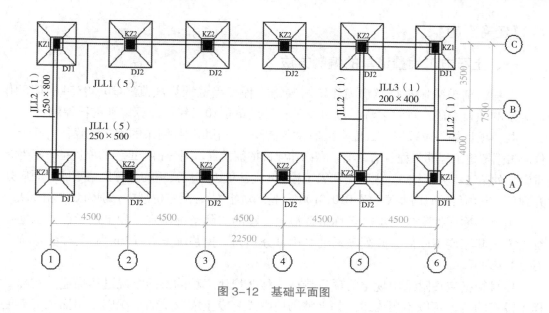

图 3–12　基础平面图

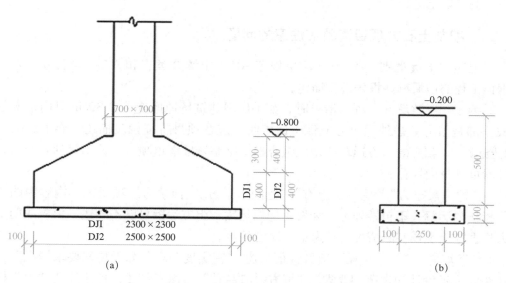

图 3–13　独立基础、基础梁 JLL1 截面示意图

（a）独立基础截面示意图；　（b）基础梁JLL1截面示意图

任务 3.1.2　土石方工程量清单的编制

【任务描述】

通过本工作任务的实施，使学生能够掌握土石方工程量清单的编制方法；会编制常用土石方工程的工程量清单。

【任务实施】

一、土石方工程量清单的编制方法

工程量清单编制根据《房屋建筑与装饰工程工程量计算规范》GB 50854-2013附录规定的项目编码、项目名称、项目特征、计量单位和工程量计算规则进行编制。

其中项目编码应采用十二位阿拉伯数字表示，一至九位按附录的规定设置，十至十二位应根据拟建工程的工程量清单项目名称和项目特征设置，同一招标工程的项目编码不得有重码。如某工程人工挖2m内基坑和人工挖4m内基坑因其应套用的预算价格不同，而应分开列项，其项目编码前九位均为010101004（挖基坑土方），后三位则应分别为001和002。

项目名称应按附录的项目名称结合拟建工程的实际情况确定。如上述工程人工挖基坑土方因其深度不同应分开列项，则名称可分别为"挖基坑土方（2m内）""挖基坑土方（4m内）"。

项目特征应按附录中规定的项目特征，结合拟建工程的实际情况进行描述，实际工程中没有的特征可以不用描述。如平整场地中没有弃土或取土的情况则不用描述"弃土运距"或"取土运距"。

二、编制土石方项目清单应注意的问题

1. 上述"土壤类别"按2013清单规范A.1-1土壤分类表和A.2-1岩石分类表，并根据该工程的地质勘察报告进行描述。

2. 编制"平整场地"项目清单时，如果出现建筑场地厚度在±30cm以内全部是挖方或全部是填方，需外运土方或借土回填时，应在项目特征栏应描述"弃土运距"或"取土运距"，相应的土方运输费用应组合在该平整场地清单项目内，不另列入"余方弃置"清单项目内计算。

3. "挖一般土方""挖基坑土方""挖沟槽土方""回填方"项目工作内容中的"运输"指场内运输，不包括外运。如发生场内运输，土方运距可以不描述，但应注明由投标人根据施工现场实际情况自行考虑，决定报价。

4. "回填方""余方弃置"项目特征描述："密实度要求"如无特殊要求情况下，可描述为"满足设计和规范的要求"；"填方材料品种"可以不描述，但应注明"由投标人根据设计要求验方后方可填入，并符合相关工程的质量规范要求"；"填方粒径要求"如无特殊要求情况下，可以不描述；"填方来源、运距"如甲方有特殊要求需指定来源及运距，则按指定要求描述，如没有特殊要求，则由乙方综合考虑现场情况决定报价；如需买土回填则应在项目特征来源中描述，并注明买土数量。

5. "余方弃置"项目特征中的运距为招标人指定的弃土地点或取土地点的运距；若招标文件规定由投标人确定弃土地点或取土地点时，则该特征可以不描述，由乙方综合考虑工程实际情况决定报价。"废弃料品种"描述为黏土、砂砾土或淤泥等。

【例3-7】根据本项目例3-1～例3-6的计算结果，试编制土石方工程的工程量清单。

解: 根据【例3-1】～【例3-6】的计算结果，汇总土石方的工程量清单如下表（见表3-11）。

分部分项工程量清单与计价表 表 3-11

序号	项目编码	项目名称	项目特征描述	计量单位	工程数量	金额（元）		
						综合单价	合价	其中 暂估价
1	010101001001	平整场地	1. 土壤类别：二类土	m²	160.00			
2	010101002001	挖一般土方	1. 土壤类别：二类土 2. 挖土深度：0.5m	m³	32.60			
3	010103001001	回填方 （场地回填）	1. 密实度要求：满足设计和规范的要求 2. 填方材料品种：由投标人根据设计要求验方后方可填入，并符合相关工程的质量规范要求 3. 填方来源、运距：综合考虑	m³	25.85			
4	010101003001	挖沟槽土方	1. 土壤类别：二类土 2. 挖土深度：0.5m、0.4m	m³	4.00			
5	010101004001	挖基坑土方	1. 土壤类别：二类土 2. 挖土深度：1.2m	m³	14.11			
6	010103001002	回填方 （室内回填和基础回填）	1. 密实度要求：满足设计和规范的要求 2. 填方材料品种：由投标人根据设计要求验方后方可填入，并符合相关工程的质量规范要求 3. 填方来源、运距：综合考虑	m³	13.53			
7	010103002001	余方弃置	1. 废弃料品种：黏土 2. 运距：20km	m³	4.58			

【能力测试】

试根据任务 3.1.1【能力测试】的计算结果及项目特征，编制土石方工程的工程量清单。

项目 3.2 土石方工程量清单计价

【项目描述】

通过本项目的学习，学生能够掌握常用土石方工程清单项目的组价内容；能根据土石方工程量清单的工作内容合理组合相应的定额子目、并计算其定额工程量及其工程量清单综合单价。

任务 3.2.1 土石方工程量清单组价

【任务描述】

通过本工作任务的实施，学生能够掌握土石方工程量清单组价内容及其组价定额工程量计算方法，会计算常用土石方工程的定额工程量。

【任务实施】

一、土石方工程量清单组价内容

以 2010 年《广东省建筑与装饰工程综合定额》为依据，则常用土石方清单的组价内容见表 3-12。

常用土石方工程量清单组价内容   表 3-12

项目编码	项目名称	计量单位	可组合的内容		对应的定额子目名称举例
010101001	平整场地	m²	1	建筑场地挖填高度在 ±30cm 内的找平	平整场地
			2	场内外运输	人工或人力车运土方、人装载重汽车运土方、人装自卸汽车运土方等
010101002	挖一般土方	m³	1	土方开挖	人工或机械挖土方
			2	场内运输	人工或人力车运土方、挖土机转堆土方、铲运机铲运土方、推土机推土、机械垂直运输等
			3	排地表水	按章说明计算
			4	其他	
010101003	挖沟槽土方	m³	1	土方开挖	人工或机械挖土方、人工或机械挖沟槽基坑土方等
			2	挡土板支拆	支挡土板
010101004	挖基坑土方		3	场内运输	人工或人力车运土方、挖土机转堆土方、铲运机铲运土方等
			4	排地表水	按章说明计算
			5	其他	
010103001	回填方	m³	1	回填	填土夯实、松填土方
			2	场内运输	人工或人力车运土方、挖土机转堆土方、铲运机铲运土方等
			3	其他	压路机碾压、买土回填
010103002	余方弃置	m³	1	场外运输	人工或机械装土、自卸汽车运土（石）方等
			2	其他	建筑垃圾处置费

二、土石方定额工程量的计算

1. 平整场地

工程量计算方法与清单工程量相同。

2. 场地挖土方、场地回填

工程量计算方法与清单工程量相同。

3. 挖基础土方

（1）挖基础土方按其土方规模分为挖土方、挖沟槽、挖基坑，其划分界线见表 3-13。

挖基础土方项目区分 表 3-13

项目	区分条件		
	挖、填平均厚度	坑底面积（长宽比例）	槽底宽度（长宽比例）
平整场地	≤ ±30cm		
挖土方	> ±30cm	> 20m² （长≤宽的 3 倍）	> 3m （长>宽的 3 倍）
挖沟槽			≤ 3m（长>宽的 3 倍）
挖基坑		≤ 20m²（长≤宽的 3 倍）	

（2）挖基础土方工程量计算

挖基础土方（基坑、沟槽）：按设计图示尺寸考虑工作面及放坡（或支挡土板）以基坑或沟槽实际挖土体积计算。其中深度计算同清单工程量计算方法。

挖基坑、沟槽断面示意如图 3-14 所示。

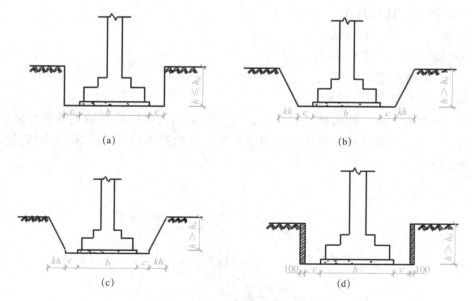

图 3-14 挖基坑、沟槽断面示意图

(a) 不放坡坑槽断面图； (b) 从垫层底放坡坑槽断面图

(c) 从垫层顶放坡坑槽断面图； (d) 不放坡，支挡土板坑槽断面图

h_0—放坡起点深度；k—放坡系数；c—工作面宽度

放坡系数 K 见表 3-4，基础施工工作面宽度 C 见表 3-5。

◆　基坑土方计算公式

不放坡　　　　　　$V=abh$

四面放坡　　公式一　　　　　$V=(a+kh)(b+kh)h+1/3\ k^2h^3$

　　　　　　公式二　　　　　$V=1/6\times[ab+(a+A)(b+B)+AB]$

其中　a——基坑下表面长；b——基坑下表面宽；A——基坑上表面长　B——基坑上表面宽；h——挖土深度；k——放坡系数。

四面放坡的基坑示意如图 3-15 所示。

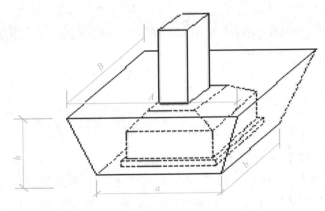

图 3-15　四面放坡的基坑示意图

◆　沟槽土方计算公式

不放坡　　　　　$V=bhL$

两面放坡　　　　$V=(b+kh)hL$

式中　b——沟槽底宽；

　　　h——挖土深度；

　　　L——沟槽长度，按沟槽净长计算，与之相交的坑或槽的放坡重叠部分体积不扣除（见图 3-16）。与基坑相交的基础梁沟槽长度示意如图 3-17 所示，其中沟槽长度 L 净长以坑底为界。

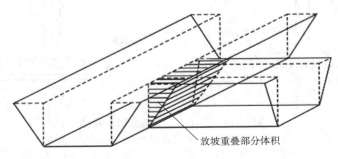

放坡重叠部分体积

图 3-16　放坡重叠示意图

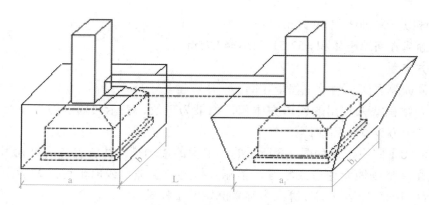

图 3-17　与基坑相交的沟槽长度

【例 3-8】根据例 3-3 的门卫室基础（见图 3-8），采用人工挖土，试计算该工程挖沟槽、基坑土方的定额工程量。

解：

挖基坑土方：

该建筑场地土质为二类土，放坡起点深度为 1.2m，DJ1 挖土深度 =1.5–0.3=1.2m，故应考虑放坡，放坡系数 k=0.5；则：

DJ1：[（1.4+0.3×2+0.5×1.2）×（1.4+0.3×2+0.5×1.2）×1.2+1/3×0.52×1.23]×6=8.256×6=49.54m³

合计：49.54m³

挖沟槽土方：

沟槽最大挖土深度 =0.8–0.3=0.5m ＜ 1.2m，不需放坡，则：

A×1-2：（5–0.2–1.4–0.3×2）×（0.2+0.2+0.3×2）×0.5=2.8×1×0.5=1.40m³

B×2-3：（4–0.2×2–0.2–0.3×2）×（0.2+0.2+0.3×2）×0.4=2.8×1×0.4=1.12m³

C×1-3：（9–0.4–1.4×2–0.3×4）×（0.2+0.2+0.3×2）×0.5=4.6×1×0.5=2.30m³

1、2、3×A-C：（4.5–0.4–1.4–0.3×2）×（0.2+0.2+0.3×2）×0.5×3=2.1×1×0.5×3=3.15m³

合计：7.97m³

4. 土（石）方回填工程

回填方工程量按设计图示尺寸以体积计算，包括场地回填、室内回填和基础回填。场地回填和室内回填的工程量计算方法与清单工程量相同。基础回填的工程量按定额挖方体积减去设计室外地坪以下埋设的基础体积（包括基础垫层及其他构筑物）计算。

【例 3-9】试计算如图 3-8 所示的门卫室的基础回填土的定额工程量。

解：

基础回填土体积 = 挖基坑、沟槽土方体积 − 外地坪以下基础体积，计算过程如下：

定额挖基坑、沟槽土方体积：49.54+7.97=57.51m³

外地坪以下基础体积：9.76m^3

则定额基础回填土体积 =57.51–9.76=47.75m^3

5. 余方弃置

工程量计算方法与清单工程量相同。

用挖方体积减去利用的回填方体积，如果为正数，表示回填土方后还有剩余的土方，则按"余方弃置"列项计算。

【例 3-10】假设上述如图 3-8 所示的门卫室的挖沟槽、基坑土方均可利用作回填土方，该工程平整场地无挖方或填方，招标人指定弃土地点或取土地点的运距为 20km，用人工装自卸汽车外运，试计算余方弃置的定额工程量。

解：

余方弃置体积＝挖基坑、沟槽土方体积－室内回填土体积－基础回填土体积＝外地坪以下基础体积－室内回填土体积，计算过程如下：

定额挖沟槽、基坑土方体积：57.51m^3

定额室内回填土体积同清单室内回填土体积：5.18m^3

定额基础回填土体积：47.75m^3

外地坪以下基础体积：9.76m^3

则余方弃置体积 =57.51–5.18–47.75=9.76–5.18=4.58m^3 ＞ 0,

土方回填完还有剩余，则该工程需弃置土方量为 4.58m^3，计算结果同清单工程量。

【能力测试】

根据任务 3.1.1【能力测试】中的已知条件和已计算的土石方清单工程量结果，对任务 3.1.2【能力测试】中的清单列出组价定额项目，并计算其定额的工程量。

任务 3.2.2　土石方工程量清单综合单价计算

【任务描述】

通过本工作任务的实施，学生能够掌握土石方工程量清单综合单价的计算方法，会计算常用土石方工程的清单综合单价。

【任务实施】

土石方工程量清单综合单价的计算是以 2010 年《广东省建筑与装饰工程综合定额》为依据，并根据工程实际情况确定具体的工程量清单项目组价内容，利用综合单价分析表，将组成土石方清单项目的费用汇总计算，并最后得出土石方工程量清单项目的综合单价。费用的计算以定额消耗量为依据，人工、材料、机械单价按指定计价时期的价格调整，并按项目实际情况计算利润。

【例 3-11】以例 3-1 ～例 3-10 中计算的平整场地、场地平整的挖填土方及门卫室的土石方清单及定额工程量计算结果为依据，计算土石方工程量清单综合单价、并汇总分部工程量清单计价表。已知该工程人工按 94 元 / 工日计算，利润按人工费的 18% 计算，其余费用按 2010 广东省定额的规定计算。

解：

计算过程如下：

（1）例 3-1 ～例 3-10 中计算的土石方清单及定额工程量计算结果见表 3-14。

土石方清单及定额工程量计算结果汇总 表 3-14

序号	清单项目			定额项目		
	项目名称	计量单位	工程量	项目名称	计量单位	工程量
1	平整场地	m^2	160	平整场地	m^2	160
2	挖一般土方	m^3	32.60	人工挖基坑土方深 1.5m 内二类土；人力车运土方 100m 内	m^3	32.60
3	回填方（场地回填）	m^3	25.85	回填土（人工夯实）；人力车运土方 100m 内	m^3	25.85
4	挖基坑土方	m^3	14.11	人工挖基坑土方深 2m 内二类土；人力车运土方 100m 内	m^3	49.54
5	挖沟槽土方	m^3	4.00	人工挖沟槽土方深 2m 内二类土；人力车运土方 100m 内	m^3	7.97
6	回填方（室内回填和基础回填）	m^3	5.18+8.35 =13.53	回填土人工夯实（室内回填和基础回填）；人力车运土方 100m 内	m^3	5.18+47.75 =52.93
7	余方弃置	m^3	4.58	人工装自卸汽车外运卸土方 20km；建筑垃圾处置费	m^3	4.58

注：2010 广东省定额中挖土项目工作内容包括置于槽（坑）边 2m 内，回填土项目工作内容包括 5m 内取土，如现场运土（取土）超过此运距，则要另计场内运土费用。"余方弃置"中的"建筑垃圾处置费"是广州市地方性的收费项目，广州市规定按物价部门的收费标准计入综合单价中。

（2）以挖基坑土方的综合单价计算为例，其清单综合单价的计算过程如下：

◆ 组价内容的工程数量为各组价子目的定额工程量除以定额计量单位，其中表 3-11 中，定额工程量为原始数量，即"人工挖基坑（二类土 2m 内）"和"人力车运土方运距 100m 内"的工程数量均为 49.54 /100=0.4954m^3。

◆ 组价内容的单价除了人工费单价按 94.00 元 / 工日计算外，其余材料费、机械费、管理费均按定额单价计算，利润按人工费的 18% 计算。例如定额子目"A1-9"中，人工挖基坑每 100 m^3 的单价计算为：

人工费 =27.018 工日 ×94 元 / 工日 =2539.69 元

管理费 =213.58 元（广州市取一类地区收费）

利润 =2539.69×18%=457.14 元

此子目无材料费和机械费。

◆ 组价内容的合价为单价乘以工程数量。例如表 3-15 中定额子目 "A1-9" 中,人工挖基坑 49.54m³ 的合价计算为:

人工费 =2539.69×0.4954=1258.16 元

管理费 =213.58×0.4954=105.81 元

利润 =457.14×0.4954=226.47 元

其余计算过程方法同,此处略。计算结果填入表 3-15,并略去材料费明细栏。

工程量清单综合单价分析表   表 3-15

工程名称:××工程   第 页共 页

项目编码	010101004001	项目名称			挖基坑土方	计量单位	m³	工程量	14.11

清单综合单价组成明细

定额编号	定额项目名称	定额单位	数量	单价				合价			
				人工费	材料费	机械费	管理费和利润	人工费	材料费	机械费	管理费和利润
A1-9	人工挖基坑(二类土 2m 内)	100m³	0.4954	2539.69			670.72	1258.16	0.00	0.00	332.27
A1-51	人力车运土方运距 100m 内	100m³	0.4954	1614.17			426.29	799.66	0.00	0.00	211.18
人工单价			小计					2057.82	0.00	0.00	543.45
94.00 元 / 工日			未计价材料费					0.00			
清单项目综合单价								184.36			

(3)其他土石方工程量清单综合单价的计算过程略,计算的最后报价见表 3-16。

分部分项工程量清单与计价表   表 3-16

序号	项目编码	项目名称	项目特征描述	计量单位	工程数量	金额(元)		
						综合单价	合价	其中:暂估价
1	010101001001	平整场地	土壤类别:二类土	m²	160.00	4.38	700.80	
2	010101002001	挖一般土方	1. 土壤类别:二类土 2. 挖土深度:0.5m	m³	32.60	37.78	1231.63	
3	010103001001	回填方(场地回填)	1. 密实度要求:满足设计和规范的要求 2. 填方材料品种:由投标人根据设计要求验后方可填入,并符合相关工程的质量规范要求 3. 填方来源、运距:综合考虑	m³	25.85	48.71	1259.15	

续表

序号	项目编码	项目名称	项目特征描述	计量单位	工程数量	金额（元）		
						综合单价	合价	其中：暂估价
4	010101003001	挖沟槽土方	1. 土壤类别：二类土 2. 挖土深度：0.5m、0.4m	m³	4.00	121.04	501.16	
5	010101004001	挖基坑土方	1. 土壤类别：二类土 2. 挖土深度：1.2m	m³	14.11	184.36	2601.32	
6	010103001002	回填方（室内回填和基础回填）	1. 密实度要求：满足设计和规范的要求 2. 填方材料品种：由投标人根据设计要求验方后方可填入，并符合相关工程的质量规范要求 3. 填方来源、运距：综合考虑	m³	13.53	131.10	1781.77	
7	010103002001	余方弃置	1. 废弃料品种：黏土 2. 运距：20km	m³	4.58	63.67	291.61	
			小计				8367.44	

【能力测试】

以上述任务 3.1.1～任务 3.2.2【能力测试】的结果为依据，试计算上述能力测试二中的土石方工程的工程量清单项目的综合单价，并汇总其分部分项工程量清单与计价表。已知该工程人工按当地价格文件计算，利润及其余费用按当地定额的规定计算。

模块 4
桩基工程计量与计价

【模块概述】

通过本模块的学习，学生能够：了解常用桩基工程清单项目的设置；掌握桩基工程量清单编制方法及其清单项目的组价内容；会计算常用桩基工程的清单工程量、编制工程量清单，并能根据桩基工程量清单的工作内容合理组合相应的定额子目、计算其定额工程量及其工程量清单综合单价。

项目 4.1 桩基工程量清单编制

【项目描述】

通过本项目的学习，学生能够了解常用桩基工程清单项目的设置；掌握桩基工程量清单编制方法；会计算常用桩基工程的清单工程量、编制其工程量清单。

【学习支持】

《房屋建筑与装饰工程工程量计算规范》GB 50854–2013 中，桩基工程清单包括打桩和灌注桩两节，共十一个项目。

1. 打桩

打桩工程量清单项目的设置、项目特征描述的内容、计量单位及工程量计算规则，应按表 4-1 的规定执行。

C.1 打桩（编号：010301）   表 4-1

项目编码	项目名称	项目特征	计量单位	工程量计算规则	工作内容
010301001	预制钢筋混凝土方桩	1. 地层情况 2. 送桩深度、桩长 3. 桩截面 4. 桩倾斜度 5. 混凝土强度	1. m 2. 根	1. 以米计量，按设计图示尺寸以桩长（包括桩尖）计算 2. 以根计量，按设计图示数量计算	1. 工作平台搭拆 2. 桩机竖拆、移位 3. 沉桩 4. 接桩 5. 送桩
010301002	预制钢筋混凝土管桩	1. 地层情况 2. 送桩深度、桩长 3. 桩外径、壁厚 4. 桩倾斜度 5. 混凝土强度等级 6. 填充材料种类 7. 防护材料种类			1. 工作平台搭拆 2. 桩机竖拆、移位 3. 沉桩 4. 接桩 5. 送桩 6. 填充材料、刷防护材料
010301003	钢管桩	1. 地层情况 2. 送桩深度、桩长 3. 材质 4. 管径、壁厚 5. 桩倾斜度 6. 填充材料种类 7. 防护材料种类	1. t 2. 根	1. 以吨计量，按设计图示尺寸以质量计算 2. 以根计量，按设计图示数量计算	1. 工作平台搭拆 2. 桩机竖拆、移位 3. 沉桩 4. 接桩 5. 送桩 6. 切割钢管、精割盖帽 7. 管内取土 8. 填充材料、刷防护材料
010301004	截（凿）桩头	1. 桩头截面、高度 2. 混凝土强度等级 3. 有无钢筋	1. m³ 2. 根	1. 按设计桩截面乘以桩头长度以体积计算 2. 按设计图示数量计算	1. 截桩头 2. 凿平 3. 废料外运

注：①地层情况按表 3-1 和表 3-2 的规定，并根据岩土工程勘察报告按单位工程各地层所占比例（包括范围值）进行描述。
　　对无法准确描述的地层情况，可注明由投标人根据岩土工程勘察报告自行决定报价。
②项目特征中的桩截面、混凝土强度等级、桩类型等可直接用标准图代号或设计桩型进行描述。
③打桩项目包括成品桩购置费，如果用现场预制桩，应包括现场预制的所有费用。
④打试验桩和打斜桩应按相应项目编码单独列项，并应在项目特征中注明试验桩或斜桩（斜率）。
⑤桩基础的承载力检测、桩身完整性检测等费用按国家相关取费标准单独计算，不在本清单项目中。

2. 灌注桩

灌注桩工程量清单项目的设置、项目特征描述的内容、计量单位及工程量计算规则，应按表 4-2 的规定执行。

C.2 灌注桩（编号：010302）   表 4-2

项目编码	项目名称	项目特征	计量单位	工程量计算规则	工作内容
010302001	泥浆护壁成孔灌注桩	1. 地层情况 2. 空桩长度、桩长 3. 桩径 4. 成孔方法 5. 护筒类型、长度 6. 混凝土类别、强度等级	1. m 2. m³ 3. 根	1. 以米计量，按设计图示尺寸以桩长（包括桩尖）计算 2. 以立方米计量，按不同截面在桩上范围内以体积计算 3. 以根计量，按设计图示数量计算	1. 护筒埋设 2. 成孔、固壁 3. 混凝土制作、运输、灌注、养护 4. 土方、废泥浆外运 5. 打桩场地硬化及泥浆池、泥浆沟

项目编码	项目名称	项目特征	计量单位	工程量计算规则	工作内容
010302002	沉管灌注桩	1. 地层情况 2. 空桩长度、桩长 3. 复打长度 4. 桩径 5. 沉管方法 6. 桩尖类型 7. 混凝土类别、强度等级	1. m 2. m³ 3. 根	1. 以米计量，按设计图示尺寸以桩长（包括桩尖）计算 2. 以立方米计量，按不同截面在桩上范围内以体积计算 3. 以根计量，按设计图示数量计算	1. 打（沉）拔钢管 2. 桩尖制作、安装 3. 混凝土制作、运输、灌注、养护
010302003	钢管桩	1. 地层情况 2. 送桩深度、桩长 3. 材质 4. 管径、壁厚 5. 桩倾斜度 6. 填充材料种类 7. 防护材料种类			1. 成孔、扩孔 2. 混凝土制作、运输、灌注、振捣、养护
010302004	挖孔桩土（石）方	1. 土（石）类别 2. 挖孔深度 3. 弃土（石）运距	m³	按设计图示尺寸截面积乘以挖孔深度以立方米计算	1. 排地表水 2. 挖土、凿石 3. 基底钎探 4. 运输
010302005	人工挖孔灌注桩	1. 桩芯长度 2. 桩芯直径、扩底直径、扩底高度 3. 护壁厚度、高度 4. 护壁混凝土类别、强度等级 5. 桩芯混凝土类别、强度等级	1. m³ 2. 根	1. 以立方米计量，按桩芯混凝土体积计算 2. 以根计量，按设计图示数量计算	1. 护壁制作 2. 混凝土制作、运输、灌注、振捣、养护

注：①地层情况按表 3-1 和表 3-1 的规定，并根据岩土工程勘察报告按单位工程各地层所占比例（包括范围值）进行描述。对无法准确描述的地层情况，可注明由投标人根据岩土工程勘察报告自行决定报价。

②项目特征中的桩长应包括桩尖，空桩长度 = 孔深 − 桩长，孔深为自然地面至设计桩底的深度。

③项目特征中的桩截面（桩径）、混凝土强度等级、桩类型等可直接用标准图代号或设计桩型进行描述。

④泥浆护壁成孔灌注桩是指在泥浆护壁条件下成孔，采用水下灌注混凝土的桩。其成孔方法包括冲击钻成孔、冲抓锥成孔、回旋钻成孔、潜水钻成孔、泥浆护壁的旋挖成孔等。

⑤沉管灌注桩的沉管方法包括锤击沉管法、振动沉管法、振动冲击沉管法、内夯沉管法等。

⑥干作业成孔灌注桩是指不用泥浆护壁和套管护壁的情况下，用钻机成孔后，下钢筋笼，灌注混凝土的桩，适用于地下水位以上的土层使用。其成孔方法包括螺旋钻成孔、螺旋钻成孔扩底、干作业的旋挖成孔等。

⑦混凝土种类：指清水混凝土、彩色混凝土、水下混凝土等，如在同一地区既使用商品混凝土，又允许现场搅拌混凝土时，也应注明。

⑧混凝土灌注桩的钢筋笼制作、安装，按附录 E 中相关项目编码列项。

任务 4.1.1 桩基工程清单工程量计算

【任务描述】

通过本工作任务的实施，学生能够掌握桩基工程清单工程量计算的方法，会计算常用桩基工程的清单工程量。

【任务实施】

一、预制钢筋混凝土桩

桩基础是由若干根桩和桩顶的承台组成的一种常用的深基础。它主要有承载能力大、抗震性能好、沉降量小等特点。采用桩基施工可省去大量土方、排水、支撑设施，而且施工简便，可以节约劳动力和压缩工期。桩基按传递荷载形式分端承桩和摩擦桩；按施工工艺划分主要有钢筋混凝土预制桩、灌注混凝土桩和钢管桩。

1.预制钢筋混凝土桩的相关知识

（1）钢筋混凝土预制桩（见图 4-1）

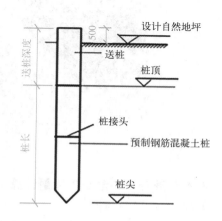

图 4-1　钢筋混凝土预制桩打桩

预制桩是由工厂或施工现场按设计图纸进行制作，然后用打桩设备将桩沉入（用锤击、震动、静压方法）土中（见图 4-2）。预制桩是一种常见的桩，它的优点是制作方便、施工进度快、承载力高。预制桩按其断面形成和施工工艺又可分为预制方桩和预应力管桩。预制桩主要施工程序包括桩制作、桩运输、沉桩、接桩、送桩等过程。

（2）接桩

混凝土预制长桩受运输条件和打（沉）桩架高度限制，一般要分节制作，在现场接桩，分节沉入。桩的常用接头方式有焊接接桩、法兰接桩等。焊接接桩和法兰接桩可适用于各类土层。

（3）送桩

在打桩过程中有时要求将桩顶面打到低于桩架操作平台以下，或由于某种原因要求将桩顶面打入自然地面以下，这时桩锤将桩打到要求的位置，最后将送桩器拔出，这一过程即为送桩。

（4）凿截桩头

在桩承台施工时，为了使桩的受力钢筋进入承台一定的锚固长度，需将多余桩截掉，多余混凝土凿除，剥露出主筋，与承台钢筋或柱钢筋连接（见图4-2）。

图4-2 凿桩头

2.预制钢筋混凝土桩清单工程量计算

清单工程量有以下三种算法：

（1）以米计量，按设计图示尺寸以桩长（包括桩尖）计算（见图4-3）。

（2）以立方米计量，按设计图示截面积乘以桩长（包括桩尖）以实体积计算。

（3）以根计量，按设计图示数量计算。

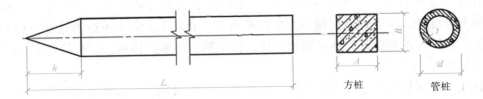

图4-3 预制钢筋混凝土计算示意图

L—设计桩长；h—桩尖长度；A、B—方桩截面边长
d—管桩直径；t—管桩壁厚

【例4-1】某工程静力压桩施工110根C50预应力钢筋混凝土管桩φ600×100，每根桩总长25m，每根桩由两段桩焊接接桩而成；设计桩顶标高-3.5m，现场自然地坪标高为-0.45m，现场条件允许可以不发生场内运桩。试按规范计算该工程预应力钢筋混凝土管桩清单工程量。

解： 预制钢筋混凝土管桩

算法一：以米计量 $L=25 \times 110=2750m$

算法二：以立方米计量 $V=3.14 \times (0.3 \times 0.3 - 0.2 \times 0.2) \times 25 \times 110=431.75m^3$

算法三：以根计量 $N=110$ 根

二、现场灌注桩

1. 现场灌注桩种类

现场混凝土灌注桩主要包括泥浆护壁成孔灌注桩、沉管灌注桩、人工挖孔桩等。

（1）泥浆护壁成孔灌注桩

利用钻孔（冲孔）机械在地基土层中成孔后，安放钢筋笼及导管，灌注混凝土形成桩基。实际工程中采用泥浆护壁成孔灌注桩应用较为普遍（图4-4 泥浆护壁灌注桩施工）。

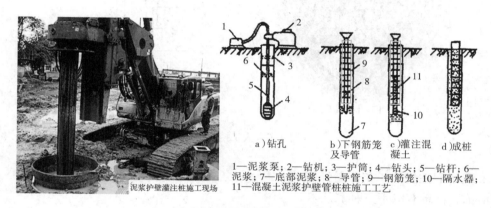

a）钻孔　b）下钢筋笼及导管　c）灌注混凝土　d）成桩

1—泥浆泵；2—钻机；3—护筒；4—钻头；5—钻杆；6—泥浆；7—底部泥浆；8—导管；9—钢筋笼；10—隔水器；11—混凝土泥浆护壁管桩桩施工工艺

图 4-4 泥浆护壁灌注桩施工

（2）沉管灌注桩

利用沉桩机械将带桩尖的钢管沉入地基土中，然后在钢管中下放钢筋笼及导管，通过导管在钢管内浇筑混凝土，边浇筑边拔管直至成桩（图4-5 沉管灌注桩施工）。

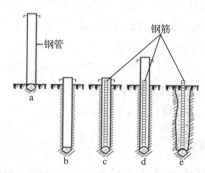

a.置放桩尖钢管就位；b.沉管；c.放钢筋笼；d.边拔管边灌混凝土；e.桩制成

图 4-5 沉管灌注桩施工

（3）人工挖孔灌注桩

人工挖孔桩是指在通过人工挖孔，并每挖一段就浇筑一圈护壁，直至达到设计的深度，桩底开挖成扩大头形式，然后下放钢筋笼及导管，浇筑混凝土成桩。人工挖孔桩劳动强度大且存在一定的安全风险，很多地区限制使用，通常在打桩机不便于操作的特殊情况下采用（图4-6人工挖孔桩）。

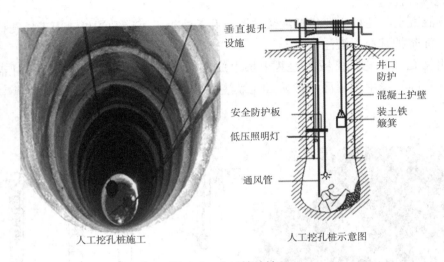

人工挖孔桩施工　　　　　　　　　　人工挖孔桩示意图

图4-6　人工挖孔桩

2. 现场灌注桩清单工程量计算

清单工程量有以下三种算法：

（1）以米计量，按设计图示尺寸以桩长（包括桩尖）计算。

（2）以立方米计量，按设计图示截面积乘以桩长（包括桩尖）以实体积计算。

（3）以根计量，按设计图示数量计算。

（注：规范规定人工挖孔桩只有以立方米或根的计算方法）

【例4-2】某工程采用钻孔灌注混凝土桩，总根数为35根，桩径为Φ600，采用非泵送水下混凝土C30，灌注混凝土桩桩顶标高为−5.2m，设计桩长38m，设计室外地坪标高为−0.35m，工程桩泥浆外运为5km。（桩内填孔、土壤类别不计）请列出灌注桩项目名称并计算其清单工程量。

解：算法一：以米计量 $L=38 \times 35=1330m$

算法二：以立方米计量 $V=3.14 \times 0.3 \times 0.3 \times 38 \times 35=375.86m^3$

算法三：以根计量 $N=35$ 根

【能力测试】

1. 某工程基础设计采用静压C80预应力管桩，电焊接桩，十字形钢桩尖，二类土场地，桩径 Φ400，桩长45m，总根数400根，单节桩长15m，室外地坪标高−0.5m，桩顶标高−2.0m，试桩3根。计算桩基础清单工程量。

2. 某工程采用泥浆护壁钻孔灌注桩，场地类别三类土，已知自然地坪标高 –0.30m，桩径 500mm、桩长 18m、桩顶标高 –2.1m 及桩端进入持力层长度 0.7m，总根数 156 根，桩基施工前应试桩 3 根，待确认符合要求后方可进入桩基施工，桩混凝土强度等级 C25，试计算其钻孔灌注桩的清单工程量。

（注：清单工程量计算方法要求与当地计价定额计算方法保持一致）

任务 4.1.2　桩基工程量清单的编制

【任务描述】

通过本工作任务的实施，学生能够掌握桩基工程工程量清单的编制方法；会编制常用桩基工程的工程量清单。

【任务实施】

一、现浇混凝土及钢筋工程量清单的编制

【例 4-3】根据本项目例 4-1、例 4-2 的计算结果及项目特征，试编制现浇混凝土钢筋的工程量清单。

解：工程量清单编制见表 4-3。

分部分项工程和单价措施项目清单与计价表　　　　表 4-3

序号	项目编码	项目名称	项目特征	计量单位	工程量	金额（元）		
						综合单价	合价	其中暂估价
1	010301002001	预应力混凝土管桩	1. 地层情况：根据岩土工程勘察报告 2. 送桩深度：3.55 m，桩长：25m 3. 外径：φ600、壁厚：100 4. 沉桩方法：静力压桩 5. 混凝土强度等级：C50 钢筋混凝土预应力管桩	m³	431.75			
2	010302001001	泥浆护壁成孔灌注桩	1. 地层情况：根据岩土工程勘察报告 2. 空桩长度：4.85 m，桩长：38 m 3. 桩径：Φ600 4. 成孔方法：泥浆护壁旋挖 5. 护筒类型：钢管，长度：1m 6. 混凝土种类：非泵送水下混凝土，强度等级 C30	m³	375.86			

【能力测试】

试编制上述任务 4.1.1【能力测试】中已计算的桩基工程量清单。

项目 4.2 桩基工程量清单计价

【项目描述】

通过本项目的学习，学生能够掌握常用桩基工程清单项目的组价内容；能根据桩基工程工程量清单的工作内容合理组合相应的定额子目并计算其定额工程量及其工程量清单综合单价。

任务 4.2.1 桩基工程工程量清单组价

【任务描述】

通过本工作任务的实施，学生能够掌握桩基工程工程量清单组价内容及其组价定额工程量计算方法，会计算常用桩基工程的定额工程量。

【任务实施】

一、桩基工程量清单组价内容

以 2000 年《上海市建筑和装饰工程预算定额》为依据，则常用桩基工程工程量清单的组价内容见表 4-4：

常用桩基工程量清单组价内容　　　　　　　表 4-4

项目编码	项目名称	计量单位	可组合的内容	对应的定额子目名称举例
010301001	预制钢筋混凝土方桩	1.m 2.m³ 3.根	沉管、接桩、送桩	打方桩、送方桩、压方桩、方桩接桩
010301002	预制钢筋混凝土管桩			打钢筋混凝土管桩、送钢筋混凝土管桩、钢筋混凝土管桩接桩
010301003	钢管桩		打桩、切割、精割盖帽、接桩	打钢管桩、内切割、精割盖帽、钢管桩接桩
010301004	截（凿）桩头		截桩、凿桩	截钢筋混凝土方桩、凿钢筋混凝土方桩
010302001	泥浆护壁成孔灌注桩	1.m 2.m³ 3.根	成孔、混凝土制作、运输、灌注、养护、泥浆外运	现拌混凝土钻孔灌注桩浇混凝土、成孔、泥浆运输

二、打桩工程定额工程量的计算

1. 预制钢筋混凝土管桩

预制钢筋混凝土管桩清单项目可组合相应的定额子目。其定额工程量计算方法如下：

（1）打、压预制钢筋混凝土方桩、管桩、短桩均按设计桩长（不扣除桩尖虚体积）乘以桩截面面积以立方米计算。

（2）接桩按设计图纸要求以个计算。

（3）送桩按各类预制桩截面面积乘以送桩长度（设计桩顶面至自然地坪面加 0.5 米）以立方米计算。

【例 4-4】试计算例 4-1 中预应力钢筋混凝土管桩清单项目应组合的定额子目工程量。

解：

（1）打钢筋混凝土管桩（直径 600mm）桩长 32m 以内

$V = 3.14 \times (0.3 \times 0.3 - 0.2 \times 0.2) \times 25 \times 110 = 431.75 \text{m}^3$

（2）送钢筋混凝土管桩桩长 32m 以内送深 4m 以内

$V = 3.14 \times (0.3 \times 0.3 - 0.2 \times 0.2) \times (3.5-0.45+0.5) \times 110 = 61.31 \text{m}^3$

（3）钢筋混凝土管桩接桩（直径 450mm）以外

$N = 110$ 个

2. 泥浆护壁成孔灌注桩

泥浆护壁成孔灌注桩清单项目可组合相应的定额子目。其定额工程量计算方法如下：

（1）浇混凝土按设计桩长（以设计桩顶标高至桩底标高加 0.25m）乘以设计截面面积以立方米计算。

（2）成孔按设计室外地坪标高至桩底标高乘以设计截面面积以立方米计算。

（3）泥浆外运按成孔部分的体积以立方米计算。

【例 4-5】试计算例 4-2 中泥浆护壁成孔灌注桩清单项目应组合的定额子目工程量。

解：

（1）钻孔灌注桩 Φ600 成孔

$V = 3.14 \times 0.3 \times 0.3 \times (5.2+38-0.35) \times 35 = 423.83 \text{m}^3$

（2）现浇非泵送水下混凝土钻孔灌注桩 Φ600 浇混凝土

$V = 3.14 \times 0.3 \times 0.3 \times (38+0.25) \times 35 = 378.33 \text{m}^3$

（3）泥浆运输运距 5km

$V = 3.14 \times 0.3 \times 0.3 \times (5.2+38-0.35) \times 35 = 423.83 \text{m}^3$

【能力测试】

根据任务 4.1.1【能力测试】中已知条件和已计算的清单工程量结果，对能力测试二中清单列出组价定额项目，并计算其定额的工程量。

任务 4.2.2　桩基工程量清单综合单价计算

【任务描述】

通过本工作任务的实施，学生能够掌握桩基工程工程量清单综合单价的计算方法，会计算常用桩基工程的清单综合单价。

【任务实施】

桩基工程量清单综合单价的计算是以《房屋建筑与装饰工程工程量计算规范》GB 50854-2013、《建设工程工程量清单计价规范》GB 50500-2013 及 2000 年《上海市建筑和装饰工程预算定额》为依据，并根据工程实际情况确定具体的工程量清单项目组价内容，利用综合单价分析表，将组成桩基工程清单项目的费用汇总计算，并最后得出桩基工程清单项目的综合单价。费用的计算以定额消耗量为依据，人工、材料、机械单价按指定计价时期的价格调整，并按项目实际情况计算利润。

【例 4-6】 利用例 4-2，例 4-5 中计算的泥浆护壁灌注桩的清单和定额工程量计算结果，结合定额消耗量计算泥浆护壁灌注桩的清单综合单价（取定：管理费率 6%，利润率 2%，以直接费基价计取管理费和利润，暂不考虑风险影响）。

解： 计算过程如下：

（1）将泥浆护壁灌注桩的清单和定额工程量计算结果汇总于表 4-5。

泥浆护壁灌注桩的清单及定额工程量计算结果　　　　　　　　表 4-5

序号	清单项目			定额项目		
	项目名称	计量单位	工程量	项目名称	计量单位	工程量
1	预应力混凝土管桩	m³	431.75	打钢筋混凝土管桩（直径 600mm）桩长 32m 以内	m³	431.75
				送钢筋混凝土管桩 桩长 32m 以内 送深 4m 以内	m³	61.31
				钢筋混凝土管桩接桩（直径 450mm）桩长 32m 以外	个	110
2	泥浆护壁成孔灌注桩	m³	375.86	非泵送混凝土钻孔灌注桩成孔	m³	423.83
				非泵送混凝土钻孔灌注桩混凝土	m³	378.33
				泥浆运输	m³	423.83

（2）泥浆护壁成孔灌注桩清单综合单价计算过程见表 4-6。

工程量清单综合单价分析表　　　　　　　　　　　表 4-6

工程名称：××工程					第 页共 页		
项目编码	010302001001	项目名称	泥浆护壁成孔灌注桩	计量单位	m³	工程量	375.86

清单综合单价组成明细

定额编号	定额子目名称	定额单位	工程数量	单 价				合 价			
				人工费	材料费	机械费	管理费和利润	人工费	材料费	机械费	管理费和利润
2-4-6	非泵送混凝土钻孔灌注桩成孔	m³	1.13	79.43	47.33	228.42	28.41	89.76	53.48	258.11	32.10
2-4-9	非泵送混凝土钻孔灌注桩混凝土	m³	1.01	22.61	635.01	71.85	58.36	22.84	641.36	72.57	58.94
2-1-12	泥浆运输	m³	1.13	59.52		79.41	11.12	67.26		89.73	12.57
人工单价			小计					179.86	694.84	420.41	103.61
87 元 / 工日			未计价材料费					0.00			
清单项目综合单价								1398.73			

注：表格中的定额子目工程数量 = 定额工程量 / 清单工程量

（3）泥浆护壁成孔灌注桩清单最后报价见表 4-7。

分部分项工程和单价措施项目清单与计价表　　　　　　表 4-7

序号	项目编码	项目名称	项目特征	计量单位	工程量	金额（元）		
						综合单价	合价	其中暂估价
1	010301002001	预应力混凝土管桩	1. 地层情况：根据岩土工程勘察报告 2. 送桩深度：3.55 m，桩长：25m 3. 外径：φ600、壁厚：100 4. 沉桩方法：静力压桩 5. 混凝土强度等级：C50 钢筋混凝土预应力管桩	m³	431.75	1538.60	664291.85	

续表

序号	项目编码	项目名称	项目特征	计量单位	工程量	金额（元）		
						综合单价	合价	其中暂估价
2	010302001001	泥浆护壁成孔灌注桩	1. 地层情况：根据岩土工程勘察报告 2. 空桩长度：4.85 m，桩长：38 m 3. 桩径：Φ600 4. 成孔方法：泥浆护壁旋挖 5. 护筒类型：钢管，长度：1m 6. 混凝土种类：非泵送水下混凝土，强度等级C30	m³	375.86	1398.73	525726.66	
			小计				1190014.80	

【能力测试】

以上述能力测试的结果为依据，试计算测试题中钻孔灌注桩的工程量清单项目的综合单价，并汇总其分布分项工程量清单与计价表（该工程人工、主材按当地价格文件计算，利润及其余费用按当地定额的规定计算）。

模块 5
砌筑工程计量与计价

【模块概述】

通过本模块的学习，学生能够了解常用砌筑工程清单项目的设置；掌握常用砌筑工程清单编制方法及其清单项目的组价内容；会计算常用砌筑工程的清单工程量、编制工程量清单，并能根据砌筑工程量清单的工作内容合理确定相应的定额子目、计算其定额工程量及其工程量清单综合单价。

项目 5.1 砌筑工程量清单编制

【项目描述】

通过本项目的实施，学生能够了解常用砌筑工程清单项目的设置；掌握常用砌筑工程清单编制方法；会计算常用砌筑工程的清单工程量、编制其工程量清单。

【学习支持】

一、砌筑工程基本知识

1. 常见砌体材料
常见砌体材料有实心标准砖、多孔砖、空心砖、加气混凝土砌块等（见图 5-1）。

实心标准砖

多孔砖

空心砖

加气混凝土砌块

图 5-1　常见砌体材料

2. 砌体构造

（1）空斗墙、空花墙

空斗墙是用砖砌筑的空心墙体，但从外表看不出是空心，相对实心墙主要为了节省材料，但强度较差。空花墙是用砖或者构件做成的具有装饰性的透空墙体，多用于公园花墙，或公用厕所通风（见图 5-2）。

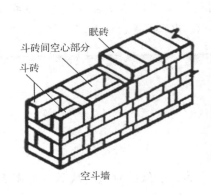

眠砖

斗砖间空心部分

斗砖

空斗墙

空花墙

图 5-2　空斗墙、空花墙

（2）非框架间墙体

非框架间墙体在砖混结构中比较多见，墙体为承重墙，在施工时先砌墙，墙体砌成带马牙槎的形式，从下部开始先退后进，用相邻的墙体作为一部分模板，然后浇构造柱、圈梁的构造做法。构造柱不单独承重，因此不需设独立基础，其下端锚固于基础梁或地圈梁内，顶端与圈梁互锚（见图 5-3）。

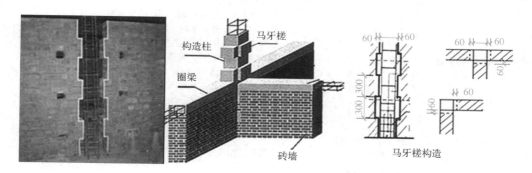

图 5-3　非框架间墙体构造

（3）框架间墙体

框架间墙体在框架结构、框剪结构中广泛应用，墙体为非承重墙，在施工时先浇筑钢筋混凝土主体结构，然后在框架柱之间砌筑墙体（见图 5-4）。

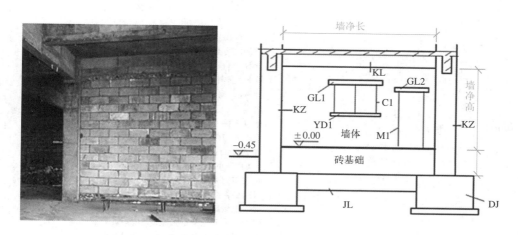

图 5-4　框架间墙体

二、砌筑工程工程量计算规则

1. 砖砌体

砖砌体工程量清单项目的设置、项目特征描述的内容、计量单位及工程量计算规则，应按表 5-1 的规定执行。

表 D.1 砖砌体（编号：010401）　　　　　表 5-1

项目编码	项目名称	项目特征	计量单位	工程量计算规则	工作内容
010401001	砖基础	1. 砖品种、规格、强度等级 2. 基础类型 3. 砂浆强度等级 4. 防潮层材料种类	m³	按设计图示尺寸以体积计算。包括附墙垛基础宽出部分体积，扣除地梁（圈梁）、构造柱所占体积，不扣除基础大放脚T形接头处的重叠部分及嵌入基础内的钢筋、铁件、管道、基础砂浆防潮层和单个面积≤0.3m²的孔洞所占体积，靠墙暖气沟的挑檐不增加。 基础长度：外墙按外墙中心线，内墙按内墙净长线计算	1. 砂浆制作、运输 2. 砌砖 3. 防潮层铺设 4. 材料运输
010401002	砖砌挖孔桩护壁	1. 砖品种、规格、强度等级 2. 砂浆强度等级		按设计图示尺寸以立方米计算	1. 砂浆制作、运输 2. 砌砖 3. 材料运输
010401003	实心砖墙	1. 砖品种、规格、强度等级 2. 墙体类型 3. 砂浆强度等级、配合比	m³	按设计图示尺寸以体积计算。扣除门窗洞口、过人洞、空圈、嵌入墙内的钢筋混凝土柱、梁、圈梁、挑梁、过梁及凹进墙内的壁龛、管槽、暖气槽、消火栓箱所占体积，不扣除梁头、板头、檩头、垫木、木楞头、沿缘木、木砖、门窗走头、砖墙内加固钢筋、木筋、铁件、钢管及单个面积≤0.3m²的孔洞所占的体积。凸出墙面的腰线、挑檐、压顶、窗台线、虎头砖、门窗套的体积亦不增加。凸出墙面的砖垛并入墙体体积内计算。 1. 墙长度：外墙按中心线、内墙按净长计算； 2. 墙高度：（1）外墙：斜（坡）屋面无檐口天棚者算至屋面板底；有屋架且室内外均有天棚者算至屋架下弦底另加200mm；无天棚者算至屋架下弦底另加300mm，出檐宽度超过600mm时按实砌高度计算；与钢筋混凝土楼板隔层者算至板顶。平屋顶算至钢筋混凝土板底。（2）内墙：位于屋架下弦者，算至屋架下弦底；无屋架者算至天棚底另加100mm；有钢筋混凝土楼板隔层者算至楼板顶；有框架梁时算至梁底。（3）女儿墙：从屋面板上表面算至女儿墙顶面（如有混凝土压顶时算至压顶下表面）。（4）内、外山墙：按其平均高度计算。 3. 框架间墙：不分内外墙按墙体净尺寸以体积计算。 4. 围墙：高度算至压顶上表面（如有混凝土压顶时算至压顶下表面），围墙柱并入围墙体积内	1. 砂浆制作、运输 2. 砌砖 3. 刮缝 4. 砖压顶砌筑 5. 材料运输
010401004	多孔砖墙				
010401005	空心砖墙				

续表

项目编码	项目名称	项目特征	计量单位	工程量计算规则	工作内容
010401006	空斗墙	1.砖品种、规格、强度等级 2.墙体类型 3.砂浆强度等级、配合比	m³	按设计图示尺寸以空斗墙外形体积计算。墙角、内外墙交接处、门窗洞口立边、窗台砖、屋檐处的实砌部分体积并入空斗墙体积内	1.砂浆制作、运输 2.砌砖 3.装填充料 4.刮缝 5.材料运输
010401007	空花墙			按设计图示尺寸以空花部分外形体积计算,不扣除空洞部分体积	
010401008	填充墙	1.砖品种、规格、强度等级 2.墙体类型 3.填充材料种类及厚度 4.砂浆强度等级、配合比		按设计图示尺寸以填充墙外形体积计算	
010401009	实心砖柱	1.砖品种、规格、强度等级 2.柱类型 3.砂浆强度等级、配合比	m³	按设计图示尺寸以体积计算。扣除混凝土及钢筋混凝土梁垫、梁头所占体积	1.砂浆制作、运输 2.砌砖 3.刮缝 4.材料运输
010401010	多孔砖柱				
010401011	砖检查井	1.井截面、深度 2.砖品种、规格、强度等级 3.垫层材料种类、厚度 4.底板厚度、井盖安装 5.混凝土强度等级 6.砂浆强度等级 7.防潮层材料种类	座	按设计图示数量计算	1.土方挖、运 2.砂浆制作、运输 3.铺设垫层 4.底板混凝土制作、运输、浇筑、振捣、养护 5.砌砖 6.刮缝 7.井池底、壁抹灰 8.抹防潮层 9.回填 10.材料运输
010401012	零星砌砖	1.零星砌砖名称、部位 2.砖品种、规格、强度等级 3.砂浆强度等级、配合比	m³	1.以立方米计量,按设计图示尺寸截面积乘以长度计算。 2.以平方米计量,按设计图示尺寸水平投影面积计算。 3.以米计量,按设计图示尺寸长度计算。 4.以个计量,按设计图示数量计算	1.砂浆制作、运输 2.砌砖 3.刮缝 4.材料运输
010401013	砖散水、地坪	1.砖品种、规格、强度等级 2.垫层材料种类、厚度 3.散水、地坪厚度 4.面层种类、厚度 5.砂浆强度等级	m³	按设计图示尺寸以面积计算	1.土方挖、运 2.地基找平、夯实 3.铺设垫层 4.砌砖散水、地坪 5.抹砂浆面层

续表

项目编码	项目名称	项目特征	计量单位	工程量计算规则	工作内容
010401014	砖地沟、明沟	1. 砖品种、规格、强度等级 2. 沟截面尺寸 3. 垫层材料种类、厚度 4. 混凝土强度等级 5. 砂浆强度等级	m	以米计量，按设计图示以中心线长度计算	1. 土方挖、运 2. 铺设垫层 3. 底板混凝土制作、运输、浇筑、振捣、养护 4. 砌砖 5. 刮缝、抹灰 6. 材料运输

注：①"砖基础"项目适用于各种类型砖基础：柱基础、墙基础、管道基础等。

②基础与墙（柱）身使用同一种材料时，以设计室内地面为界（有地下室者，以地下室室内设计地面为界），以下为基础，以上为墙（柱）身。基础与墙身使用不同材料时，位于设计室内地面高度≤±300mm时，以不同材料为分界线，高度＞±300mm时，以设计室内地面为分界线。

③砖围墙以设计室外地坪为界，以下为基础，以上为墙身。

④框架外表面的镶贴砖部分，按零星项目编码列项。

⑤附墙烟囱、通风道、垃圾道、应按设计图示尺寸以体积（扣除孔洞所占体积）计算并入所依附的墙体体积内。当设计规定孔洞内需抹灰时，应按本规范附录L中零星抹灰项目编码列项。

⑥空斗墙的窗间墙、窗台下、楼板下、梁头下等的实砌部分，按零星砌砖项目编码列项。

⑦"空花墙"项目适用于各种类型的空花墙，使用混凝土花格砌筑的空花墙，实砌墙体与混凝土花格应分别计算，混凝土花格按混凝土及钢筋混凝土中预制构件相关项目编码列项。

⑧台阶、台阶挡墙、梯带、锅台、炉灶、蹲台、池槽、池槽腿、砖胎模、花台、花池、楼梯栏板、阳台栏板、地垄墙、≤0.3m²的孔洞填塞等，应按零星砌砖项目编码列项。砖砌锅台与炉灶可按外形尺寸以个计算，砖砌台阶可按水平投影面积以平方米计算，小便槽、地垄墙可按长度计算，其他工程按立方米计算。

⑨砖砌体内钢筋加固，应按规范附录E中相关项目编码列项；砖砌体勾缝按规范附录M中相关项目编码列项；检查井内的爬梯按附录E中相关项目编码列项；井、池内的混凝土构件按规范附录E中混凝土及钢筋混凝土预制构件编码列项。

⑩如施工图设计标注做法见标准图集时，应注明标注图集的编码、页号及节点大样。

2. 砌块砌体

砌块砌体工程量清单项目的设置、项目特征描述的内容、计量单位及工程量计算规则，应按表5-2的规定执行。

表 D.2 砌块砌体（编号：010402）   表 5-2

项目编码	项目名称	项目特征	计量单位	工程量计算规则	工作内容
010402001	砌块墙	1. 砌块品种、规格、强度等级 2. 墙体类型 3. 砂浆强度等级	m³	同"实心砖墙"工程量计算规则	1. 砂浆制作、运输 2. 砌砖、砌块 3. 勾缝 4. 材料运输
010402002	砌块柱	1. 砌块品种、规格、强度等级 2. 柱体类型 3. 砂浆强度等级		按设计图示尺寸以体积计算。扣除混凝土及钢筋混凝土梁垫、梁头、板头所占体积	1. 砂浆制作、运输 2. 砌砖 3. 材料运输

注：①砌体内加筋、墙体拉结的制作、安装，应按附录E中相关项目编码列项。

②砌块排列应上、下错缝搭砌，如果搭错缝长度满足不了规定的压搭要求，应采取压砌钢筋网片的措施，具体构造要求按设计规定。若设计无规定时，应注明由投标人根据工程实际情况自行考虑。

③砌体垂直灰缝宽＞30mm时，采用C20细石混凝土灌实。灌注的混凝土应按附录E相关项目编码列项。

3. 石砌体

石砌体工程量清单项目的设置、项目特征描述的内容、计量单位及工程量计算规则，应按表 5-3 的规定执行。

表 D.3　石砌体（编号：010403）　　　　　　　　表 5-3

项目编码	项目名称	项目特征	计量单位	工程量计算规则	工作内容
010403001	石基础	1. 石料种类、规格 2. 基础类型 3. 砂浆强度等级	m³	按设计图示尺寸以体积计算。包括附墙垛基础宽出部分体积，不扣除基础砂浆防潮层及单个面积 ≤ 0.3m² 的孔洞所占体积，靠墙暖气沟的挑檐不增加体积。基础长度：外墙按中心线，内墙按净长计算	1. 砂浆制作、运输 2. 吊装 3. 砌石 4. 防潮层铺设 5. 材料运输
010403002	石勒脚	1. 石料种类、规格 2. 石表面加工要求 3. 勾缝要求 4. 砂浆强度等级、配合比	m³	按设计图示尺寸以体积计算，扣除单个面积 > 0.3m² 的孔洞所占的体积	1. 砂浆制作、运输 2. 吊装 3. 砌石 4. 石表面加工 5. 勾缝 6. 材料运输
010403003	石墙			同"实心砖墙"工程量计算规则	
010403004	石挡土墙	1. 石料种类、规格 2. 石表面加工要求 3. 勾缝要求 4. 砂浆强度等级、配合比		按设计图示尺寸以体积计算	1. 砂浆制作、运输 2. 吊装 3. 砌石 4. 变形缝、泄水孔、压顶抹灰 5. 滤水层 6. 勾缝 7. 材料运输
010403005	石柱	1. 石料种类、规格 2. 石表面加工要求 3. 勾缝要求 4. 砂浆强度等级、配合比	m³	按设计图示尺寸以体积计算	1. 砂浆制作、运输 2. 吊装 3. 砌石 4. 石表面加工 5. 勾缝 6. 材料运输
010403006	石栏杆		m	按设计图示以长度计算	
010403007	石护坡	1. 垫层材料种类、厚度 2. 石料种类、规格 3. 护坡厚度、高度 4. 石表面加工要求 5. 勾缝要求 6. 砂浆强度等级、配合比	m³	按设计图示尺寸以体积计算	1. 铺设垫层 2. 石料加工 3. 砂浆制作、运输 4. 砌石 5. 石表面加工 6. 勾缝 7. 材料运输
010403008	石台阶		m³	按设计图示尺寸以体积计算	
010403009	石坡道		m²	按设计图示以水平投影面积计算	

项目编码	项目名称	项目特征	计量单位	工程量计算规则	工作内容
010403010	石地沟、明沟	1. 沟截面尺寸 2. 土壤类别、运距 3. 垫层材料种类、厚度 4. 石料种类、规格 5. 石表面加工要求 6. 勾缝要求 7. 砂浆强度等级、配合比	m	按设计图示以中心线长度计算	1. 土方挖、运 2. 砂浆制作、运输 3. 铺设垫层 4. 砌石 5. 石表面加工 6. 勾缝 7. 回填 8. 材料运输

注：①石基础、石勒脚、石墙的划分：基础与勒脚应以设计室外地坪为界。勒脚与墙身应以设计室内地面为界。石围墙内外地坪标高不同时，应以较低地坪标高为界，以下为基础；内外标高之差为挡土墙时，挡土墙以上为墙身。

②"石基础"项目适用于各种规格（粗料石、细料石等）、各种材质（砂石、青石等）和各种类型（柱基、墙基、直形、弧形等）基础。

③"石勒脚""石墙"项目适用于各种规格（粗料石、细料石等）、各种材质（砂石、青石、大理石、花岗石等）和各种类型（直形、弧形等）勒脚和墙体。

④"石挡土墙"项目适用于各种规格（粗料石、细料石、块石、毛石、卵石等）、各种材质（砂石、青石、石灰石等）和各种类型（直形、弧形、台阶形等）挡土墙。

⑤"石柱"项目适用于各种规格、各种石质、各种类型的石柱。

⑥"石栏杆"项目适用于无雕饰的一般石栏杆。

⑦"石护坡"项目适用于各种石质和各种石料（粗料石、细料石、片石、块石、毛石、卵石等）

⑧"石台阶"项目包括石梯带（垂带），不包括石梯膀，石梯膀应按附录C石挡土墙项目编码列项。

⑨如施工图设计标注做法见标准图集时，应注明标注图集的编码、页号及节点大样。

4. 垫层

垫层工程量清单项目的设置、项目特征描述的内容、计量单位及工程量计算规则，应按表5-4的规定执行。

D.4　垫层（编号：010404）　　　　　　　　表5-4

项目编码	项目名称	项目特征	计量单位	工程量计算规则	工作内容
010404001	垫层	垫层材料种类、配合比、厚度	m^3	按设计图示尺寸以体积计算	1. 垫层材料的拌制 2. 垫层铺设 3. 材料运输

注：除混凝土垫层应按规范附录E中相关项目编码列项外，没有包括垫层要求的清单项目应按本表垫层项目编码列项。

任务 5.1.1　砌筑清单工程量计算

【任务描述】

通过本工作任务的实施，学生能够掌握砌筑清单工程量计算方法，会计算常用的砌筑项目清单工程量。

【任务实施】

一、砖基础

"砖基础"项目适用于各种类型的砖基础：柱基础、墙基础、烟囱基础、水塔基础、管道基础等。

基础与墙（柱）身的划分原则如下：基础与墙（柱）体使用同一种材料时，以设计室内地面为界（有地下室者，以地下室室内设计地面为界），以下为基础，以上为墙（柱）体；基础与墙（柱）体使用不同材料时，位于设计室内地面高度 ±300mm 以内时，以不同材料为界；超过 ±300mm，应以设计室内地面为界，（见图5-5）砖围墙以设计室外地坪为界，以下为基础，以上为墙身。

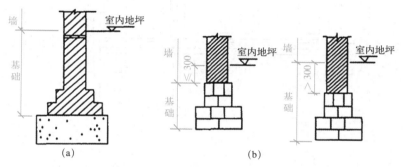

图 5-5　基础与墙身的分界
(a) 基础与墙使用相同材料；　(b) 基础与墙使用不同材料

工程量按设计图示尺寸以体积计算。包括附墙垛基础宽出部分体积，扣除地梁（圈梁）、构造柱所占体积，不扣除基础大放脚T形接头处的重叠部分及嵌入基础内的钢筋、铁件、管道、基础砂浆防潮层和单个面积 ≤ 0.3m^2 以内的孔洞所占体积，靠墙暖气沟的挑檐不增加。

基础长度：外墙按外墙中心线，内墙按内墙净长线计算。若在框架或框剪结构的基础中设置有部分砖基础时，砖基础的长度应按框架间的净尺寸计算。

基础放脚T形接头重复部分，如图5-6所示。

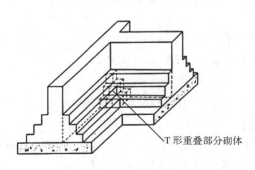

图 5-6　T形接头示意图

【例 5-1】某工程砖基础设计如图 5-7 所示，外墙厚 370mm、内墙厚 240mm，采用 M5 水泥砂浆砌筑 MU10 免烧标准砖 240×115×53（mm），垫层为 C10 混凝土。试计算该工程砖基础的清单工程量。

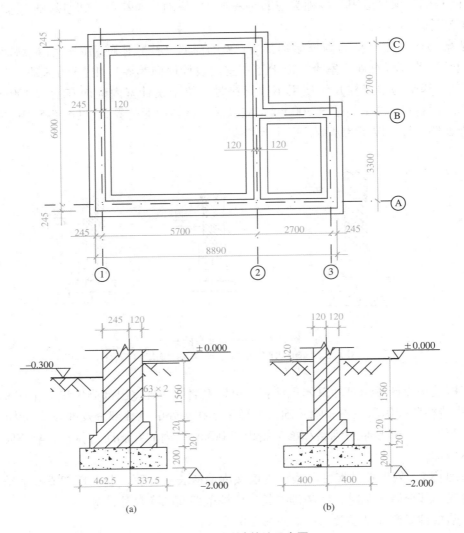

图 5-7　某工程砖基础示意图

解：（1）外墙中心线长度

轴线偏心距 = 365 ÷ 2 − 120 = 62.5mm = 0.0625m

则外墙中心线长

$L_{外中}$ =（8.4 + 6.0）× 2 + 0.0625 × 8 = 29.30m

◆　外墙基础断面积

$S_{外断}$ = 0.365 × 1.56 +（0.365 + 0.063 × 2）× 0.12 +（0.365 + 0.063 × 4）× 0.12 = 0.702m²

◆　$V_{外墙基}$ = L × $S_{断}$ = 29.3 × 0.702 = 20.57m³

（2）内墙下砖基础清单量为：

◆ 内墙净长线长度

L 内净 $=3.3–0.12 \times 2=3.06$m

◆ 内墙基础断面

S 内断 $=0.24 \times 1.56+（0.24+0.063 \times 2）\times 0.12+（0.24+0.063 \times 4）\times 0.12 =0.477$m^2

◆ V 内墙基 $= L$ 内净 $\times S$ 内断 $=3.06 \times 0.477=1.46$m^3

合计 $=20.57+1.46 =22.03$m^3

二、实心砖墙、多孔砖墙、空心砖墙、砌块墙

1. 砖混结构墙体

工程量按设计图示尺寸以体积计算。扣除门窗、洞口、嵌入墙内的钢筋混凝土柱、梁、圈梁、挑梁、过梁及凹进墙内的壁龛、管槽、暖气槽、消火栓箱所占体积。不扣除梁头、板头、檩头、垫木、木楞头、沿缘木、木砖、门窗走头、砖墙内加固钢筋、木筋、铁件、钢管及单个面积≤ 0.3m^2 的孔洞所占的体积。凸出墙面的腰线、挑檐、压顶、窗台线、虎头砖、门窗套的体积亦不增加。凸出墙面的砖垛并入墙体体积内计算。工程量计算公式：

墙体体积 =（墙长 × 墙高 – 门窗洞口面积）× 墙厚 – 墙体埋设物体积 + 墙垛体积

（1）墙体长度计算：

外墙长度按外墙中心线长度计算；内墙长度按内墙净长线计算。

（2）墙身高度：

墙身高度起点：根据基础与墙身的划分原则确定。

墙身高度终点：按表 5-5 规定计算。

墙身高度计算规定表   表 5–5

墙名称	屋面类型及内墙位置	檐口构造	墙身计算高度	示意图
外墙	坡屋面	无檐口天棚者	算至屋面板底	图 5-8
		有屋架，且室内外均有天棚者	算至屋架下弦底另加 200mm	图 5-9
		有屋架，无天棚者	算至屋架下弦底另加 300mm	图 5-10
		有屋架无天棚者，且出檐宽度超过 600mm	按实砌高度计算	
	平屋面	有女儿墙无檐口	算至屋面板顶面	图 5-11
		有挑檐	算至钢筋混凝土板底	
内墙	位于屋架下弦者		算至屋架底	图 5-12
	无屋架有天棚者		算至天棚底另加 100mm	
	有钢筋混凝土楼板隔层者		算至板底	
	有框架梁时		算至梁底	
山墙	内、外山墙		按平均高度计算	

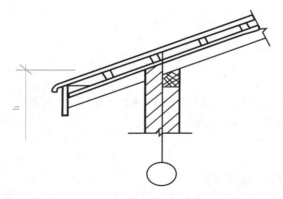

图 5-8 斜（坡）屋面无檐口
天棚的外墙高度

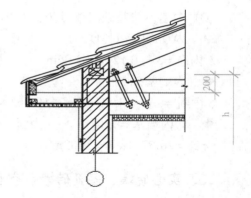

图 5-9 有屋架，且室内外均
有天棚的外墙高度

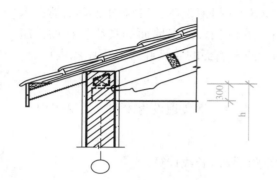

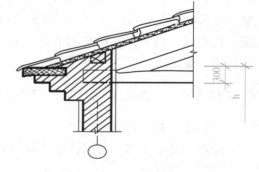

图 5-10 有屋架无天棚的外墙高度
（a）椽木挑檐；（b）砖挑檐

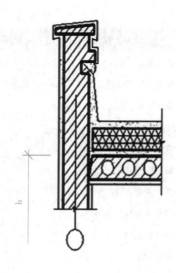

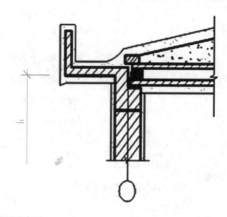

图 5-11 平屋面的外墙高度
（a）有女儿墙无檐口；（b）无挑檐

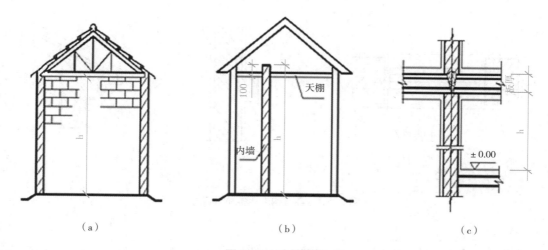

图 5-12　内墙高度

（a）位于屋架下内墙高；　（b）无屋架内墙高；　（c）混凝土板下内墙高

（3）墙身厚度：标准砖砌体厚度表（见表5-6）

标准砖砌体厚度表　　　　　　　　　　　　　　　　　　表 5-6

砖数（厚度）	1/4	1/2	3/4	1	1.5	2
计算厚度（mm）	53	115	180	240	365	490

（4）砖墙计算中应扣应增的规定

◆　计算砖墙体时，应扣除门窗洞口（门窗框外围）、嵌入墙身的钢筋混凝土柱、梁（包括过梁、圈梁、挑梁）、凹进墙内的壁龛、管槽、暖气槽、消火栓箱所占体积，不扣除梁头、板头、檩头、垫木、木楞头、沿缘木、木砖、门窗走头、砖墙内加固钢筋、木筋、铁件、钢管及单个面积 $\leqslant 0.3m^2$ 的孔洞所占的体积。

◆　凸出墙面的砖垛并入墙体体积内计算。凸出墙面的腰线、挑檐、压顶、窗台线、虎头砖、门窗套的体积不增加。以上零星构件如图 5-13 所示。

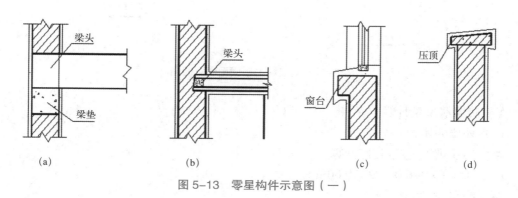

图 5-13　零星构件示意图（一）

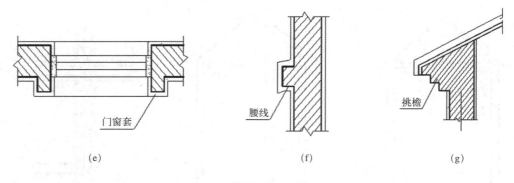

(e)　　　　　　　　　　　(f)　　　　　　　　　　　(g)

图 5-13　零星构件示意图（二）

【例 5-2】如图 5-14 所示，某工程清水砖墙墙厚 240，轴线居中，砖墙为 M5 混合砂浆砌筑 MU10 标准砖，基础为砖基础。墙垛尺寸：120mm×240mm；门窗尺寸见下方，门窗洞口均设置 240mm×300mm 钢筋混凝土过梁，每边搁置长度为 250mm，板下外墙设圈梁一道，断面为 240mm×300mm，屋面板厚 100mm。试计算该工程砖墙体的清单工程量。

M-1：1000mm×2000mm；M-2：1200mm×2000mm；M-3：900mm×2400mm

C-1：1500mm×1500mm；C-2：1800mm×1500mm；C-3：3000mm×1500mm

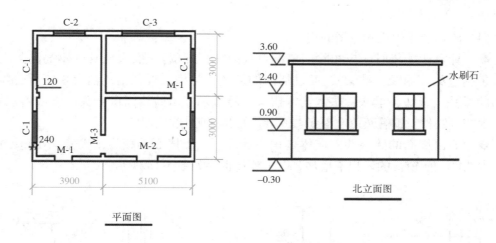

平面图

图 5-14　某工程的平面图和立面图

解：砖墙清单量计算：

（1）外墙的体积：

◆　L：外墙中心线长度计算：

L 外中 =（9.0+6.0）×2=30.00m

◆　墙高 H=3.6m

◆ 外墙上门窗面积

S门窗外 $=1.0 \times 2.0+1.2 \times 2.0+(1.5 \times 1.5) \times 4+1.8 \times 1.5+3.0 \times 1.5=20.6m^2$

◆ 墙厚 $=0.24m$

◆ 应扣圈梁、过梁体积：

V圈梁 $=L_中 \times S_断=30.00 \times (0.24 \times 0.3)=2.16m^3$

V过梁 $=[(1+0.5)+(1.2+0.5)+(1.5+0.5) \times 4+(1.8+0.5)+(3.0+0.5)] \times 0.3 \times 0.24=1.22m^3$

◆ 应加墙垛体积：

V墙垛 $=(0.12 \times 0.24) \times 3.6=0.10m^3$

外墙体积：

V外墙 $=(30.00 \times 3.6–20.6) \times 0.24–2.16–1.22+0.10=17.70m^3$

（2）内墙的体积：

◆ 内墙净长线：

L内净 $=(6.0–0.24)+(5.1–0.24)=10.62m$

◆ $H=3.6m$

◆ 内墙上门窗面积：

S门窗内 $=1.0 \times 2.0+0.9 \times 2.4=4.16m^2$

◆ 墙厚 $=0.24m$

◆ 应扣过梁体积

V过梁 $=[(1.0+0.5)+(0.9+0.5)] \times 0.3 \times 0.24=0.21m^3$

内墙体积：

V内墙 $=(10.62 \times 3.6–4.16) \times 0.24–0.21=7.97m^3$

即 合计 $=17.70+7.97=25.67m^3$

2. 框架结构墙体

工程量不分内外墙按墙体净尺寸以体积计算。

$$即 V=(L_净 \times H_净 –S_门窗) \times 墙厚–墙体埋件体积$$

其中 L净——框架柱之间的净长；

H净——地面（或楼面）至框架梁底之间的净高。

【例5-3】某现浇一层框架结构房屋如图5-15、图5-16所示，层高4.8m，已知墙体为MU10混凝土砌块砌筑混水墙，混凝土砌块尺寸为：390mm×190mm×240mm和240mm×190mm×120mm，砌筑砂浆为M5混合砂浆，框架柱KZ1截面为400mm×400mm。试计算该工程砌块砌体的清单工程量（说明：所有墙体在标高2.7m处设圈梁一道，圈梁与墙等宽，高度均为240mm。所有窗高为1800mm，窗台高为900mm，所有门高为2700mm，内墙上门宽为900mm）。

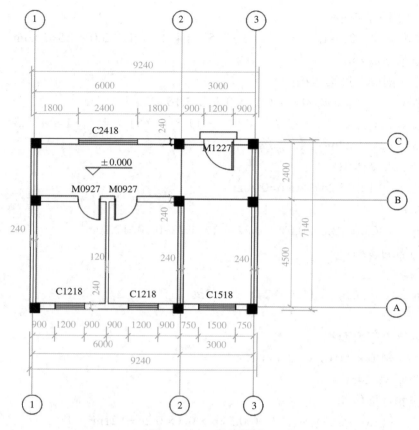

图 5-15　一层平面图

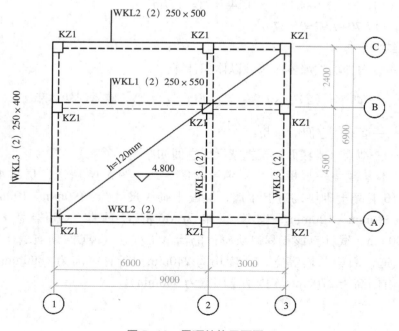

图 5-16　屋顶结构平面图

解：（1）240 砌块外墙工程量

◆ 外墙长度：

A、C 轴：$L_1=$（9.24–0.4×3）×2=16.08m

①、③轴：$L_2=$（6.9–0.4×2）×2=12.2m

◆ 外墙高度

A、C 轴：$H_1=$4.8–0.5=4.3m

①、③轴：$H_2=$4.8–0.4=4.4m

◆ 应扣门窗面积 =2.4×1.8×1+1.2×1.8×2+1.5×1.8×1+1.2×2.7×1=14.58m²

◆ 应扣圈梁体积 =（16.08+12.2）×0.24×0.24=1.63m³

◆ 外墙体积

$V=$（16.08×4.3+12.2×4.4–14.58）×0.24–1.63=24.35m³

（2）240 砌块内墙工程量

◆ 内墙长度：

B 轴：$L_1=$6–0.28×2=5.44m

②轴：$L_2=$4.5–0.12–0.28=4.1m

◆ 内墙高度

B 轴：$H_1=$4.8–0.55=4.25m

②轴：$H_2=$4.8–0.4=4.4m

◆ 应扣门窗面积 =0.9×2.7×2=4.86m²

◆ 应扣圈梁体积 =（5.44+4.1）×0.24×0.24=0.55m³

◆ 内墙体积

$V=$（5.44×4.25+4.1×4.4–4.86）×0.24–0.55=8.16m³

（3）120 砌块内墙工程量

$V=$4.26×（4.8–0.12）×0.115–4.26×0.115×0.24=2.18m³

所以：240 砌块墙工程量 =24.35+8.16=32.51m³

120 砌块墙工程量 =2.18m³

三、其他砌体工程

1. 空花墙

也称为花格墙。一般为梅花图案样，空花墙多用于围墙。

工程量按设计图示尺寸以空花部分外形体积计算，不扣除空洞部分体积。

2. 零星砌砖

台阶、台阶挡墙、梯带、锅炉、炉灶、蹲台、池槽、池槽腿、花台花池、楼梯栏板、≤ 0.3m² 的孔洞填塞等，应按零星砌砖项目编码列项。砖砌锅台与炉灶可按外形体积计算，砖砌台阶可按水平投影面积计算，小便槽、地垄墙可按长度计算，其他工程以立方米计算。

3. 砖散水、地坪

工程量按设计图示尺寸以面积计算。

4. 砖地沟、明沟

工程量以米计量，按设计图示以中心线长度计算。

【例 5-4】某建筑物门外设一砖砌台阶，用 M5 混合砂浆砌筑 MU10 免烧标准砖，台阶长为 2.7m，剖面图如图 5-17 所示。试计算砖砌台阶的清单工程量。

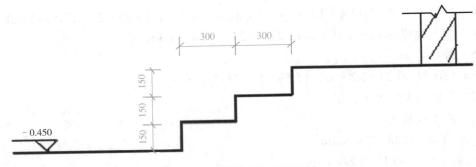

图 5-17　某砖砌台阶剖面图

解：该砖砌台阶清单量为：$S = 2.7 \times (0.3 + 0.3 + 0.3) = 2.43 \text{m}^2$

【能力测试】

1. 按图 5-18 所示，设石基础每层高度为 350mm，粗料石，规格为 400mm × 220mm × 200mm，砖基础用砖规格为 MU10 免烧标准砖 240mm × 115mm × 53mm 砌筑，均采用水泥砂浆 M5.0 砌筑，混凝土垫层厚 100 mm。试计算某工程内外墙石基础及砖基础的清单工程量。

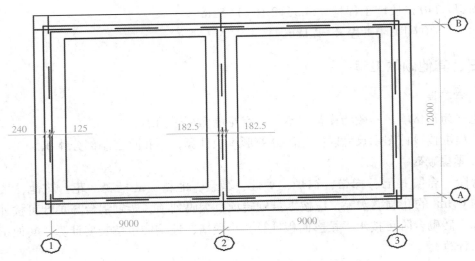

图 5-18　某工程基础平面图及剖面图（一）

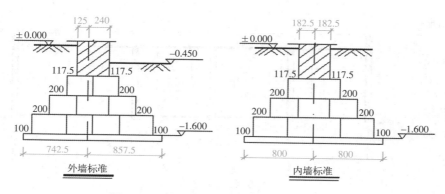

图 5-18　某工程基础平面图及剖面图（二）

2. 某单层建筑物平、剖面图如图 5-19、图 5-20 所示，门窗见表 5-7，该工程墙体为一砖混水砖墙，用 M5 混合砂浆砌筑 MU10 免烧标准砖 240mm×115mm×53mm，构造柱断面尺寸为 240mm×240mm，圈梁断面尺寸为 240mm×300mm，试根据图示尺寸计算一砖内外墙清单工程量。（已知：构造柱混凝土工程量为 2.63m³，构造柱混凝土工程量的计算方法学习见模块六）

门窗表

表 5-7

门窗名称	代号	洞口尺寸（mm×mm）	数量（樘）
单扇无亮无砂镶板门	M-1	900×2000	4
双扇铝合金推拉窗	C-1	1500×1800	6
双扇铝合金推拉窗	C-2	2100×1800	2

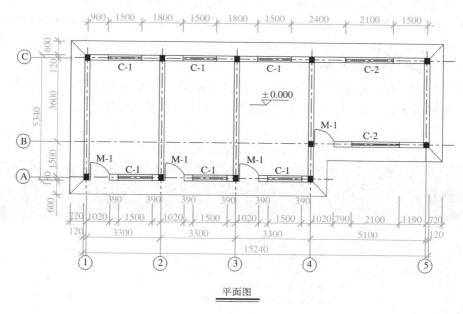

平面图

图 5-19　平面图

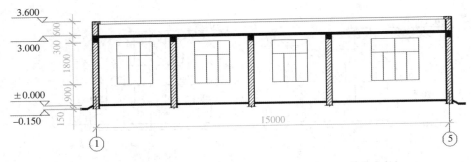

图 5-20　剖面图

任务 5.1.2　砌筑工程量清单的编制

【任务描述】

通过本工作任务的实施，使学生能够掌握砌筑工程量清单的编制方法；会编制常用砌筑项目的工程量清单。

【任务实施】

一、砌筑工程量清单的编制方法

分部分项工程项目清单是分部分项工程的项目编码、项目名称、项目特征、计量单位和工程数量的明细清单。分部分项工程量清单必须载明项目编码、项目名称、项目特征、计量单位和工程量，这是构成分部分项工程项目清单的五个要件，缺一不可。

砌筑工程项目清单必须根据工程设计文件和相关资料，按照《房屋建筑与装饰工程工程量计算规范》GB 50854-2013 附录 D 规定的项目编码、项目名称、项目特征、计量单位和工程量计算规则进行编制。

【例 5-5】根据本项目例 5-1 ～ 例 5-4 的计算结果，试编制砌筑项目的工程量清单。

解：根据例 5-1 ～ 例 5-4 的计算结果及项目特征，编制工程量清单见表 5-8。

分部分项工程清单与计价表　　　　　　　　　　　　　表 5-8

序号	项目编码	项目名称	项目特征描述	计量单位	工程量	金额（元）		
						综合单价	合价	其中暂估价
1	010401001001	砖基础	1. 砖品种、规格、强度等级：MU10 免烧标准砖 mm：240×115×53 2. 基础类型：带形砖基础，C10 混凝土垫层厚 200mm 3. 砂浆强度等级：M5 水泥砂浆	m³	22.03			

续表

序号	项目编码	项目名称	项目特征描述	计量单位	工程量	金额（元）		
						综合单价	合价	其中暂估价
2	010401003001	实心砖墙	1. 砖品种、规格、强度等级：MU10 免烧标准砖 2. 墙体类型：1 砖清水砖墙 3. 砂浆强度等级：M5 混合砂浆	m³	25.67			
3	010402001001	240 砌块墙	1. 砌块品种、规格、强度等级：MU10 混凝土砌块，390mm × 190mm × 240mm 2. 墙体类型：1 砖混水砖墙 3. 砂浆强度等级：M5 混合砂浆	m³	32.51			
4	010402001002	120 砌块墙	1. 砌块品种、规格、强度等级：MU10 混凝土砌块，240mm × 190mm × 120mm 2. 墙体类型：1/2 砖混水砖墙 3. 砂浆强度等级：M5 混合砂浆	m³	2.18			
5	010401012001	零星砌砖	1. 零星砌砖名称、部位：砖砌台阶 2. 砖品种、规格、强度等级：MU10 免烧标准砖 3. 砂浆强度等级、配合比：M5 混合砂浆	m²	2.43			
合 计								

【能力测试】

试根据任务 5.1.1【能力测试】计算结果及项目特征，编制工程量清单。

项目 5.2　砌筑工程量清单计价

【项目描述】

　　通过本项目的学习，学生能够掌握常用砌筑工程清单项目的组价内容；能根据砌筑工程量清单的工作内容合理组合相应的定额子目，并计算其定额工程量及其工程量清单综合单价。

任务 5.2.1　砌筑工程量清单组价

【任务描述】

通过本工作任务的实施，学生能够掌握砌筑工程量清单组价内容及其组价定额工程量计算方法，会计算常用砌筑工程的定额工程量。

【任务实施】

一、砌筑工程量清单组价内容

以 2013 年《云南省房屋建筑与装饰工程消耗量定额》为依据，则常用砌筑工程量清单的组价内容见表 5-9：

常用砌筑工程量清单组价内容　　　　　　　　　　　　　表 5-9

项目编码	项目名称	计量单位	可组合的内容	对应的定额子目名称举例
010401001	砖基础	m³	砂浆制作、运输；砌砖；防潮层铺设；材料运输	砖基础；防潮层
010401003	实心砖墙		砂浆制作、运输；砌砖；刮缝；砖压顶砌筑；材料运输	砖墙；砖墙勾凹缝
010401004	多孔砖墙	m³		
010401005	空心砖墙			
010401007	空花墙		砂浆制作、运输；砌砖；装填充料；刮缝；材料运输	
010401012	零星砌砖	1.m³ 2.m² 3.m 4.个	砂浆制作、运输；砌砖；刮缝；材料运输	零星砖砌体、砖砌台阶、砖砌花池
010401013	砖散水、地坪	m²	土方挖、运、填；地基找平、夯实；铺设垫层；砌砖散水、地坪；抹砂浆面层	土方、砖地坪、地坪垫层、抹灰
010401014	砖地沟、明沟	m	土方挖、运、填；铺设垫层；底板混凝土制作、运输、浇筑、振捣、养护；砌砖；刮缝；抹灰；材料运输	土方挖、运、填；垫层、混凝土沟底、砖地沟、抹灰
010402001	砌块墙	m³	砂浆制作、运输；砌砖、砌块；勾缝；材料运输	砌块墙
010403001	石基础		砂浆制作、运输；吊装；砌石；防潮层铺设；材料运输	石基础、防潮层
010403003	石墙			石墙、勾缝
010404001	垫层	m³	垫层材料的拌制；垫层铺设；材料运输	垫层

说明：依据云南省 2013 版计价依据，定额子目本身也包含有相应的工作内容，如砖基础定额子目包括砂浆制作、运输、砌砖、材料运输等内容。

二、砌筑项目定额工程量的计算

1. 砖基础

根据《云南省房屋建筑与装饰工程消耗量定额》，砖基础定额工程量按体积计算，其中：基础长度外墙按外墙基础中心线长计算，内墙基础按内墙基顶面净长线计算。包括附墙垛基础宽出部分体积，扣除地梁（圈梁）、构造柱所占体积，不扣除基础大放脚T形接头处的重叠部分及嵌入基础内的钢筋、铁件、管道、基础砂浆防潮层和单个面积 $\leqslant 0.3\text{m}^2$ 的孔洞所占体积，靠墙暖气沟的挑檐不增加。

可看出，清单计算规则与定额计算规则基本一致，只是在基础长度的取值上略有不同。

【例5-6】试计算例5-1中砖基础清单项目应组合的定额子目工程量。

解： 结合任务资料及工作内容的规定，可知砖基础综合单价的确定只需考虑砖基础定额子目本身（防潮层项目未发生）。

砖基础工程量与其清单工程量相同。

$V = 22.03\text{m}^3$

2. 实心砖墙、多孔砖墙、空心砖墙、砌块墙

（1）砖混结构墙体

根据《云南省房屋建筑与装饰工程消耗量定额》，砖墙项目的清单工程量计算规则与定额工程量计算规则一致。

【例5-7】试计算例5-2中砖墙清单项目应组合的定额子目工程量。

解： 结合任务资料及工作内容的规定，可知砖墙综合单价的确定只需考虑砖墙定额子目本身。

因清单工程量计算规则与定额工程量计算规则一致。

故：$V = 25.67\text{m}^3$

（2）框架结构墙体

根据《云南省房屋建筑与装饰工程消耗量定额》，框架间砌体，不分内外墙以框架间的净面积乘以墙厚计算，框架外表镶贴砖部分亦并入框架间砌体工程量内计算。

可看出，清单计算规则与定额计算规则在框架外表面的镶贴砖部分的处理方法不一致，清单计算规则需按零星项目编码列项，而定额计算规则是并入框架间砌体工程量内计算。

【例5-8】试计算例5-3中砌块墙清单项目应组合的定额子目工程量。

解： 结合任务资料及工作内容的规定，可知砌块墙综合单价的确定只需考虑砌块墙定额子目本身。

因本例中未涉及框架外表面镶贴砖部分，故清单工程量与定额工程量相等。

$V240$ 砌块 $= 32.51\text{m}^3$

$V120$ 砌块 $= 2.18\text{m}^3$

3. 其他砌体

（1）空花墙

根据《云南省房屋建筑与装饰工程消耗量定额》，空花墙按空花部分外形体积以立方米计算，空花部分不予扣除。其中实体部分以立方米另行计算。

空花墙清单项目可组合的定额子目是空花墙子目及实体部分的墙体子目，砖墙勾凹缝。

（2）零星砌砖

根据《云南省房屋建筑与装饰工程消耗量定额》，砖砌台阶（不包括梯带）按水平投影面积（包括最上层踏步边沿加 300mm）以平方米计算。厕所蹲台、小便池、水槽、灯箱、垃圾箱、台阶挡墙或梯带、花台、花池、地垄墙及支撑地楞的砖墩，房上烟囱、屋面架空隔热层砖墩及毛石墙的门窗立边、窗台虎头砖等及单件体积在 $0.3m^3$ 以内的实砌体积，以立方米计算，套用零星砌体定额子目。

可看出，清单计算规则与定额计算规则在零星砌砖部分项目上的规定有一定的差异，零星砌砖清单项目可组合的定额子目是零星砖砌体、砖砌台阶、砖砌花池。

（3）砖散水、地坪

根据《云南省房屋建筑与装饰工程消耗量定额》，砖地坪按设计图示主墙间净空面积计算，不扣除独立柱、垛及 $0.3m^2$ 以内孔洞所占面积。砖散水按面积计算套用砖地坪子目。

砖散水、地坪可组合的定额子目是土方、砖地坪、垫层、抹灰子目。

（4）砖地沟、明沟

根据《云南省房屋建筑与装饰工程消耗量定额》，砖地沟不分墙基、墙身，合并以立方米计算。

可看出，清单计算规则与定额计算规则不一致。砖地沟可组合的定额子目是土方、垫层、混凝土沟底、砖地沟、抹灰。

【例 5-9】 试计算例 5-4 中零星砌砖清单项目应组合的定额子目工程量。

解： 结合任务资料及工作内容的规定，可知零星砌砖项目综合单价的确定只需考虑砖砌台阶定额子目本身。

根据《云南省房屋建筑与装饰工程消耗量定额》中砖砌台阶的工程量计算规则"按水平投影面积（包括最上层踏步边沿加 300mm）以平方米计算"可知，砖砌台阶的定额工程量与清单工程量计算方法一致。

故：$S=2.43m^2$

【能力测试】

根据任务 5.1.1【能力测试】和任务 5.1.2【能力测试】中的已知条件和已计算的清单工程量结果，对【能力测试二】中的清单列出组价定额项目，并计算其定额的工程量。

任务 5.2.2　砌筑工程量清单综合单价计算

【任务描述】

通过本工作任务的实施，学生能够掌握砌筑工程量清单综合单价的计算方法，会计算常用砌筑工程项目清单的综合单价。

【任务实施】

砌筑工程量清单综合单价的计算是以《房屋建筑与装饰工程工程量计算规范》GB 50854-2013、《建设工程工程量清单计价规范》GB 50500-2013 及《云南省建设工程造价计价规则》（2013 版）、《云南省房屋建筑与装饰工程消耗量定额》（2013 版）为依据，并根据工程实际情况确定具体的工程量清单项目组价内容，利用综合单价分析表，计算得出砌筑工程量清单项目的综合单价。

其计算步骤如下：

第一步：确定需要套用的定额子目；

第二步：查抄相关项目内容；

第三步：确定管理费费率及利润率；

根据云南省计价规则：管理费费率取 33%，利润率取 20%；

管理费 =（定额人工费 + 定额机械费 ×8%）× 管理费费率

利润 =（定额人工费 + 定额机械费 ×8%）× 利润率

第四步：查阅定额，计算单价和合价，确定相关项目的综合单价。

【例 5-10】 以例 5-1 ～ 例 5-9 中计算的砌筑项目的清单及定额工程量计算结果为依据，计算砌筑工程量清单的综合单价，并汇总计算出分部分项工程费。（其中：人工单价按 63.88 元 / 工日计算；未计价（主材）材料价格如下：免烧标准砖 480.00 元 / 千块；砌筑水泥砂浆 M5.0：220.68 元 /m³；砌筑混合砂浆 M5.0：259.56 元 /m³；MU10 混凝土砌块 390mm×190mm×240mm，3200 元 / 千块；MU10 混凝土砌块 240mm×190mm×120mm，2800 元 / 千块。）

解：（1）综合单价分析

以砖基础的综合单价计算为例，其清单综合单价计算过程见表 5-10。

综合单价分析表　　　　　　　　　　　　　　表 5-10

工程名称：×× 工程　　　　　　　　　　　　标段：　　　　　　　　　　　　第 页共 页

项目编码	010401001001	项目名称	砖基础	计量单位	m³	工程量	22.03

清单综合单价组成明细

定额编号	定额项目名称	定额单位	数量	单价				合价			
				人工费	材料费	机械费	管理费和利润	人工费	材料费	机械费	管理费和利润
01040001	砖基础	10m³	2.203	778.06	3070.57	36.06	413.90	1714.07	6764.47	79.4	911.82
人工单价		小计						1714.07	6764.47	79.4	911.82
63.88 元 / 工日		未计价材料费									
清单项目综合单价								429.86			

续表

	主要材料名称、规格、型号	单位	数量	单价（元）	合价（元）	暂估单价（元）	暂估单价（元）
材料费明细	MU10 免烧标准砖	千块	11.544	480.00	5541.12		
	M5.0 砌筑水泥砂浆	m³	5.485	220.68	1210.43		
	其他材料费	—			12.95	—	
	材料费小计	—			6764.50	—	

（2）其他砌筑项目清单综合单价的计算过程略，计算的最后报价见表 5-11。

分部分项工程和单价措施项目清单与计价表　　　　表 5-11

序号	项目编码	项目名称	项目特征描述	计量单位	工程量	金额（元）		
						综合单价	合价	其中：暂估价
1	010401001001	砖基础	1.砖品种、规格、强度等级：MU10 免烧标准砖 mm：240×115×53 2.基础类型：带形砖基础，C10 混凝土垫层厚 200mm 3.砂浆强度等级：M5 水泥砂浆	m³	22.03	429.86	9469.82	—
2	010401003001	实心砖墙	1.砖品种、规格、强度等级：MU10 免烧标准砖 2.墙体类型：1 砖清水砖墙 3.砂浆强度等级：M5 混合砂浆	m³	25.67	487.64	12517.72	—
3	010402001001	240 砌块墙	1.砌块品种、规格、强度等级：MU10 混凝土砌块，390mm×190mm×240mm 2.墙体类型：1 砖混水砖墙 3.砂浆强度等级：M5 混合砂浆	m³	32.51	323.65	10521.86	
4	010402001002	120 砌块墙	1.砌块品种、规格、强度等级：MU10 混凝土砌块，240mm×190mm×120mm 2.墙体类型：1/2 砖混水砖墙 3.砂浆强度等级：M5 混合砂浆	m³	2.18	342.46	746.56	

续表

序号	项目编码	项目名称	项目特征描述	计量单位	工程量	金额（元）		
						综合单价	合价	其中：暂估价
5	010401012001	零星砌砖	1. 零星砌砖名称、部位：砖砌台阶 2. 砖品种、规格、强度等级：MU10 免烧标准砖 3. 砂浆强度等级、配合比：M5 混合砂浆	m³	2.43	103.46	251.41	—
分部小计							33507.37	—

【能力测试】

以上述任务 5.2.1 中的【能力测试】的结果为依据，试计算上述能力测试中砌筑工程清单项目的综合单价，并汇总其分部分项工程量清单与计价表。已知该工程人工、主材按当地价格文件计算，利润及其余费用按当地定额的规定计算。

模块 6
现浇混凝土及钢筋工程
计量与计价

【模块概述】

通过本模块的学习，学生能够了解常用现浇混凝土及钢筋工程清单项目的设置；掌握现浇混凝土及钢筋工程量清单编制方法及其清单项目的组价内容；会计算常用现浇混凝土及钢筋工程的清单工程量、编制工程量清单，并能根据现浇混凝土及钢筋工程量清单的工作内容合理组合相应的定额子目、计算其定额工程量及其工程量清单综合单价。

项目 6.1 现浇混凝土及钢筋工程量清单编制

【项目描述】

通过本项目的学习，学生能够了解常用现浇混凝土及钢筋工程清单项目的设置；掌握现浇混凝土及钢筋工程量清单编制方法；会计算常用现浇混凝土及钢筋工程的清单工程量、编制其工程量清单。

【学习支持】

《房屋建筑与装饰工程工程量计算规范》GB 50854-2013 中，现浇混凝土工程清单包括现浇混凝土基础、现浇混凝土柱、现浇混凝土梁、现浇混凝土墙、现浇混凝土板、现浇混凝土楼梯、现浇混凝土其他构件、后浇带共八节三十九个项目；钢筋工程清单包括钢筋工程、螺栓、铁件共两节十三个项目。

常用的建筑物现浇混凝土及钢筋工程量清单项目见表 6-1 ～表 6-10。

E.1　现浇混凝土基础（编码：010501）　表 6-1

项目编码	项目名称	项目特征	计量单位	工程量计算规则	工程内容
010501001	垫层	1. 混凝土种类 2. 混凝土强度等级	m³	按设计图示尺寸以体积计算	1. 模板及支架（撑）制作、安装、拆除、堆放、运输及清理模内杂物、刷隔离剂等 2. 混凝土制作、运输、浇筑、振捣、养护
010501002	带形基础				
010501003	独立基础				
010501004	满堂基础				
010501005	桩承台基础				
010501006	设备基础	1. 混凝土种类 2. 混凝土强度等级 3. 灌浆材料、灌浆材料强度等级			

E.2　现浇混凝土柱（编码：010502）　表 6-2

项目编码	项目名称	项目特征	计量单位	工程量计算规则	工程内容
010502001	矩形柱	1. 混凝土种类 2. 混凝土强度等级	m³	按设计图示尺寸以体积计算	1. 模板及支架（撑）制作、安装、拆除、堆放、运输及清理模内杂物、刷隔离剂等 2. 混凝土制作、运输、浇筑、振捣、养护
010502002	构造柱				
010502003	异形柱	1. 柱形状 2. 混凝土种类 3. 混凝土强度等级			

E.3　现浇混凝土梁（编码：010503）　表 6-3

项目编码	项目名称	项目特征	计量单位	工程量计算规则	工程内容
010503001	基础梁	1. 混凝土种类 2. 混凝土强度等级	m³	按设计图示尺寸以体积计算	1. 模板及支架（撑）制作、安装、拆除、堆放、运输及清理模内杂物、刷隔离剂等 2. 混凝土制作、运输、浇筑、振捣、养护
010503002	矩形梁				
010503003	异形梁				
010503004	圈梁				
010503005	过梁				
010503006	弧形、拱形梁				

E.4　现浇混凝土墙（编码：010504）　表 6-4

项目编码	项目名称	项目特征	计量单位	工程量计算规则	工程内容
010504001	直形墙	1. 混凝土种类 2. 混凝土强度等级	m³	按设计图示尺寸以体积计算	1. 模板及支架（撑）制作、安装、拆除、堆放、运输及清理模内杂物、刷隔离剂等 2. 混凝土制作、运输、浇筑、振捣、养护
010504002	弧形墙				
010504003	短肢剪力墙				
010504004	挡土墙				

E.5　现浇混凝土板（编码：010505）　　　　表6-5

项目编码	项目名称	项目特征	计量单位	工程量计算规则	工程内容
010505001	有梁板	1. 混凝土种类 2. 混凝土强度等级剂等	m³	按设计图示尺寸以体积计算	1. 模板及支架（撑）制作、安装、拆除、堆放、运输及清理模内杂物、刷隔离剂等 2. 混凝土制作、运输、浇筑、振捣、养护
010505002	无梁板				
010505003	平板				
010505004	拱板				
010505005	薄壳板				
010505006	栏板				
010505007	天沟（檐沟）、挑檐板			按设计图示尺寸以体积计算	
010505008	雨篷、悬挑板、阳台板			按设计图示尺寸以墙外部分体积计算	
010505010	其他板			按设计图示尺寸以体积计算	

E.6　现浇混凝土楼梯（编码：010506）　　　　表6-6

项目编码	项目名称	项目特征	计量单位	工程量计算规则	工程内容
010506001	直形楼梯	1. 混凝土种类 2. 混凝土强度等级	1. m² 2. m³	1. 以平方米计量 2. 以立方米计量	1. 模板及支架（撑）制作、安装、拆除、堆放、运输及清理模内杂物、刷隔离剂等 2. 混凝土制作、运输、浇筑、振捣、养护
010506002	弧形楼梯				

E.7　现浇混凝土其他构件（编码：010507）　　　　表6-7

项目编码	项目名称	项目特征	计量单位	工程量计算规则	工程内容
010507001	散水、坡道	1. 垫层材料种类、厚度 2. 面层厚度 3. 混凝土种类 4. 混凝土强度等级 5. 变形缝填塞材料种类	m²	按设计图示尺寸以水平投影面积计算	1. 地基夯实 2. 铺设垫层 3. 模板及支架（撑）制作、安装、拆除、堆放、运输及清理模内杂物、刷隔离剂等 4. 混凝土制作、运输、浇筑、振捣、养护 5. 变形缝填塞
010507002	室外地坪	1. 地坪厚度 2. 混凝土强度等级			
010507003	电缆沟、地沟	1. 土壤类别 2. 沟截面净空尺寸 3. 垫层材料种类、厚度 4. 混凝土种类 5. 混凝土强度等级 6. 防护材料种类	m	按设计图示以中心线长计算	1. 挖填、运土石方 2. 铺设垫层 3. 模板及支撑制作、安装、拆除、堆放、运输及清理模内杂物、刷隔离剂等 4. 混凝土制作、运输、浇筑、振捣、养护 5. 刷防护材料

续表

项目编码	项目名称	项目特征	计量单位	工程量计算规则	工程内容
010507004	台阶	1. 踏步高、宽 2. 混凝土种类 3. 混凝土强度等级	1. m² 2. m³	1. 以平方米计量 2. 以立方米计量	1. 模板及支架（撑）制作、安装、拆除、堆放、运输及清理模内杂物、刷隔离剂等 2. 混凝土制作、运输、浇筑、振捣、养护
010507005	扶手、压顶	1. 断面尺寸 2. 混凝土种类 3. 混凝土强度等级	1. m 2. m³	1. 以米计量 2. 以立方米计量	
010507007	其他构件	1. 构件的类型 2. 构件规格 3. 部位 4. 混凝土种类 5. 混凝土强度等级	m³	按设计图示尺寸以体积计算	

E.8 后浇带（编码：010508） 表6-8

项目编码	项目名称	项目特征	计量单位	工程量计算规则	工程内容
010508001	后浇带	1. 混凝土种类 2. 混凝土强度等级	m³	按设计图示尺寸以体积计算	1. 模板及支架（撑）制作、安装、拆除、堆放、运输及清理模内杂物、刷隔离剂等 2. 混凝土制作、运输、浇筑、振捣、养护及混凝土交接面、钢筋等的清理

E.15 钢筋工程（编码：010515） 表6-9

项目编码	项目名称	项目特征	计量单位	工程量计算规则	工程内容
010515001	现浇构件钢筋	钢筋种类、规格	t	按设计图示钢筋（网）长度（面积）乘单位理论质量计算	1. 钢筋制作、运输 2. 钢筋安装 3. 焊接
010515009	支撑钢筋（铁马）	1. 钢筋种类 2. 规格		按钢筋长度乘单位理论质量计算	钢筋制作、焊接、安装

E.16 螺栓、铁件（编码：010516） 表6-10

项目编码	项目名称	项目特征	计量单位	工程量计算规则	工程内容
010516001	螺栓	1. 螺栓种类 2. 规格	t	按设计图示尺寸以质量计算	1. 螺栓、铁件制作、运输 2. 螺栓、铁件安装
010516002	预埋铁件	1. 钢材种类 2. 规格 3. 铁件尺寸			
010516003	机械连接	1. 连接方式 2. 螺纹套筒种类 3. 规格	个	按数量计算	1. 钢筋套丝 2. 套筒连接

任务 6.1.1　现浇混凝土清单工程量计算

【任务描述】

通过本工作任务的实施，学生能够掌握现浇混凝土清单工程量计算方法，会计算常用现浇混凝土的清单工程量。

【任务实施】

一、现浇混凝土基础

现浇混凝土基础包括垫层、带形基础、独立基础、满堂基础、桩承台基础和设备基础。

工程量按设计图示尺寸以体积计算。计算桩承台基础时，不扣除伸入承台基础的桩头所占体积。

带形基础分为有肋式带形基础与无肋式（板式）带形基础，有肋式带形基础中肋（梁）的体积并入带形基础计算。

满堂基础（筏形基础）指用板梁墙柱组合浇筑而成的基础，一般分为无梁式（平板式）满堂基础、有梁式（梁板式）满堂基础和箱式满堂基础三种形式。其中：无梁式满堂基础（见图 6-1a）工程量为基础底板的实际体积，柱头并入满堂基础工程量中。有梁式满堂基础（见图 6-1b）按梁和板的体积合并计算，列入"满堂基础"项目。地下室地板也按"满堂基础"项目列项。箱式满堂基础（见图 6-1c）中柱、梁、墙、板分别按E2、E3、E4 和 E5 中相关项目列项，其基础底板按"满堂基础"列项。

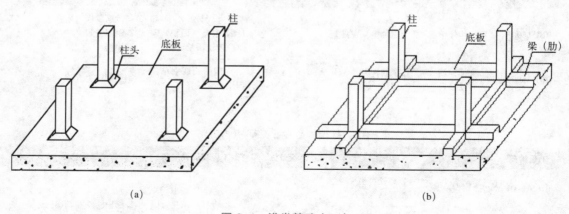

(a)　　　　　　　　　　　　　　　　　　(b)

图 6-1　满堂基础（一）

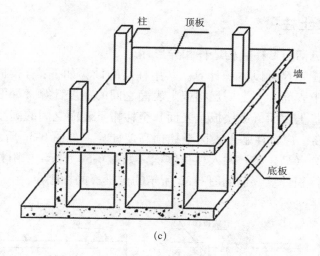

(c)

图 6-1 满堂基础（二）

(a) 无梁式满堂基础； (b) 有梁式满堂基础； (c) 箱式满堂基础

【例 6-1】某工程 12 个独立基础 DJ1，其平面及剖面如图 6-2 所示，已知该独立基础混凝土为 C25 混凝土 20 石（普通商品混凝土），垫层为 C10 混凝土 10 石（现场搅拌机），试计算该独立基础及其垫层的清单工程量。

解：

本独立基础及其垫层分开列清单项目，则：

（1）独立基础

$V1 = \{1/6 \times 0.2 \times [0.6 \times 0.6 + (0.6+2.2) \times (0.6+2.2) + 2.2 \times 2.2] + 2.2 \times 2.2 \times 0.3\} \times 12 = 22.64 \text{m}^3$

（2）垫层

$V2 = 2.4 \times 2.4 \times 0.1 \times 12 = 6.91 \text{m}^3$

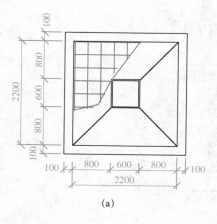

(a)

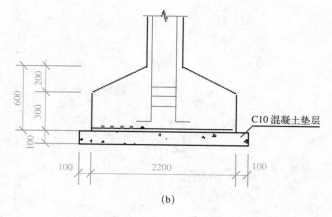

(b)

图 6-2 DJ1 平面及剖面图

(a) DJ1平面图； (b) DJ1剖面图

二、现浇混凝土柱

现浇混凝土柱包括矩形柱、构造柱和异形柱。

工程量按设计图示尺寸以体积计算。其中柱高的计算如下：有梁板的柱高，应自柱基上表面（或楼板上表面）至上一层楼板上表面之间的高度计算，如图 6-3a 所示；无梁板的柱高，应自柱基上表面（或楼板上表面）至柱帽下表面之间的高度计算，如图 6-3b 所示；框架柱的柱高，应自柱基上表面至柱顶高度计算，如图 6-3c 所示；构造柱按全高计算，嵌接墙体部分（马牙槎）并入柱身体积，如图 6-3d 所示；依附柱上的牛腿和升板的柱帽，并入柱身体积计算，但如图 6-3b 所示的无梁板的柱帽应并入无梁板内计算。

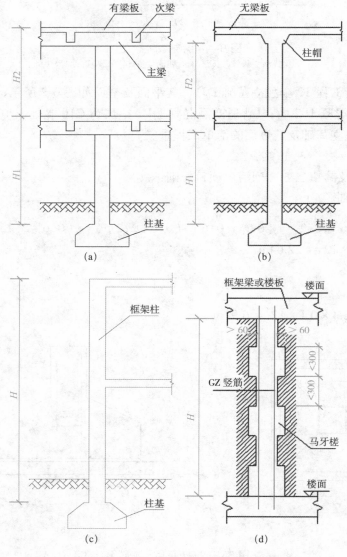

图 6-3　现浇混凝土柱的柱高计算

(a) 有梁板的柱高计算；　(b) 无梁板的柱高计算；　(c) 框架柱的柱高计算；　(d) 构造柱的柱高计算

【例 6-2】某工程有如图 6-4 所示的构造柱共 16 个，已知该构造柱为 C25 混凝土 20 石（普通商品混凝土），试计算该构造柱的清单工程量。

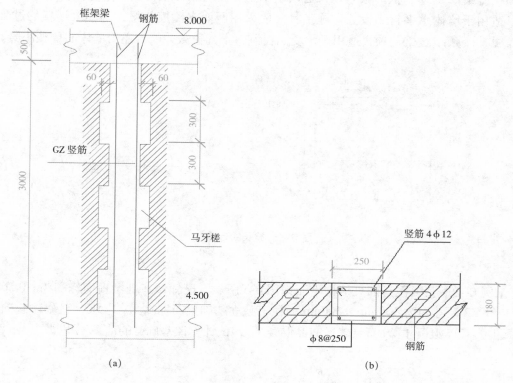

图 6-4　构造柱
(a) 构造柱立面大样图；(b) 构造柱平面大样图

解：

本工程构造柱全高为楼板面计至上一层框架梁底，伸入墙体内马牙槎并入柱身体积计算，则构造柱清单工程量为：

$$V = （0.25 \times 0.18+0.03 \times 0.18 \times 2）\times 3.0 \times 16=2.68 m^3$$

三、现浇混凝土梁

现浇混凝土梁包括基础梁、矩形梁、异形梁、圈梁、过梁和弧形、拱形梁。

工程量按设计图示尺寸以体积计算。伸入墙内的梁头、梁垫并入梁体积计算。其中梁长的计算为：梁与柱连接时，梁长算至柱侧面，如图 6-5a 所示，主梁与次梁连接时，次梁长算至主梁侧面，如图 6-5b 所示。

需要注意的是，与板现浇在一起的梁并入有梁板计算，与基础底板现浇在一起的基础梁并入基础（带形基础、满堂基础）计算。此处的"矩形梁、异形梁和弧形、拱形梁"指不和板一起现浇的梁。

"矩形梁"项目适用于施工时一般采用三面支模的，断面为矩形、梯形、变截面矩形的梁；"异形梁"项目适用于施工时一般超过三面支模的，断面为十字形、T形、L形的梁和花篮梁；"弧形、拱形梁"项目适用于水平方向为弧形或垂直方向起拱的梁；"圈梁"项目适用于墙体水平封闭设置，施工时一般采用两面支侧模的梁，与圈梁连接的过梁，并入圈梁计算；"过梁"项目适用于承受门窗洞口上部荷载并能传递给墙体的单独小梁。

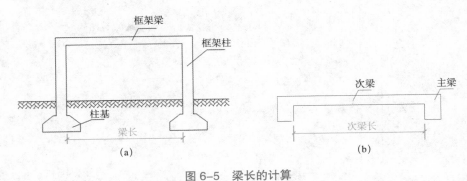

图 6-5　梁长的计算

(a) 与柱相交的梁长计算；　(b) 与主梁相交的次梁长计算

【例 6-3】某工程基础梁结构平面如图 6-6 所示，已知该基础梁顶面标高为 −0.500，KZ1、KZ2 尺寸均为 300mm × 300mm，柱下独立基础顶面标高为 −1.200，已知该基础梁混凝土为 C25 混凝土 20 石（普通商品混凝土），试计算该基础梁的清单工程量。

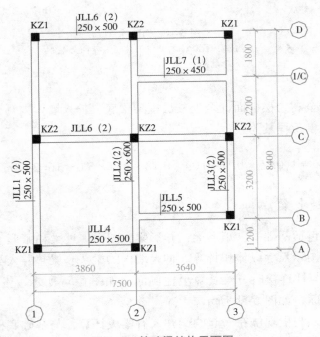

图 6-6　基础梁结构平面图

解：

本工程基础主梁与框架柱相交，次梁与主梁相交，则与框架柱相交的主梁长计至柱侧面，与主梁相交的次梁长计至主梁侧面，则基础梁清单工程量计算过程如下：

JLL1，$1 \times A–D$：$V = (8.4–0.3 \times 3) \times 0.25 \times 0.5 = 0.938 m^3$

JLL2，$2 \times A–D$：$V = (8.4–0.3 \times 3) \times 0.25 \times 0.6 = 1.125 m^3$

JLL3，$3 \times B–D$：$V = (7.2–0.3 \times 3) \times 0.25 \times 0.5 = 0.788 m^3$

JLL4，$A \times 1–2$：$V = (3.86+0.125–0.3 \times 2) \times 0.25 \times 0.5 = 0.423 m^3$

JLL5，$B \times 2–3$：$V = (3.64–0.125–0.3) \times 0.25 \times 0.5 = 0.402 m^3$

JLL6，$C、D \times 1–3$：$V = (7.5–0.3 \times 3) \times 0.25 \times 0.5 \times 2 = 1.65 m^3$

JLL7，$1/C \times 2–3$：$V = (3.64–0.125–0.25) \times 0.25 \times 0.45 = 0.367 m^3$

小计 $= 5.69 m^3$

四、现浇混凝土墙

现浇混凝土墙包括直形墙、弧形墙、短肢剪力墙和挡土墙，电梯井壁按直形墙列项。

工程量按设计图示尺寸以体积计算，扣除门窗洞口及单个面积 $> 0.3 m^2$ 的孔洞所占体积，墙垛及突出墙面部分并入墙体体积计算，与混凝土墙相连的隐壁柱及与墙同厚的墙上梁的体积亦并入墙计算。

"短肢剪力墙"是指截面厚度不大于 300mm、各肢截面高度与厚度之比的最大值大于 4 但不大于 8 的剪力墙；各肢截面高度与厚度之比的最大值不大于 4 的剪力墙按柱项目编码列项。如图 6-7 所示的剪力墙高厚比 $H1/B1$，或 $H2/B2$ 的最大值大于 4 但不大于 8 且厚度 $B1$（$B2$）不大于 300mm 时，按短肢剪力墙列项计算；$H1/B1$，或 $H2/B2$ 的最大值不大于 4 时，按矩形柱或异形柱列项计算；其余情况按直形墙列项。

"挡土墙"是指支承填土或山坡土体、防止填土或土体变形失稳的结构物。

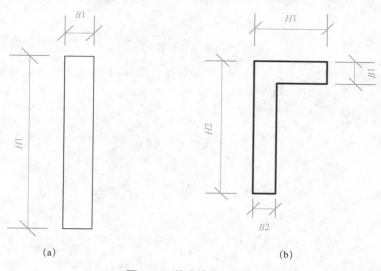

(a)   (b)

图 6-7　剪力墙（一）

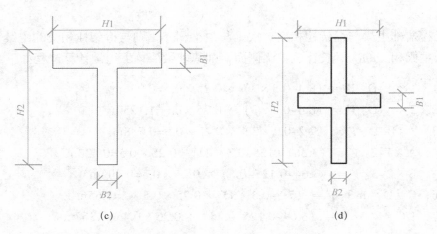

图 6-7　剪力墙（二）

（a）一字形剪力墙；　（b）L形剪力墙；　（c）T形剪力墙；　（d）十字形剪力墙

【例6-4】某六层住宅工程剪力墙柱平面布置图如图6-8所示，已知该剪力墙柱自独立基础面一直浇至屋面，每层楼面梁及屋面梁宽度均与剪力墙同厚，该工程基础顶面标高为 −0.800，屋面标高为 18.200，剪力墙柱为 C30 混凝土 20 石（普通商品混凝土），试计算该剪力墙柱的清单工程量。

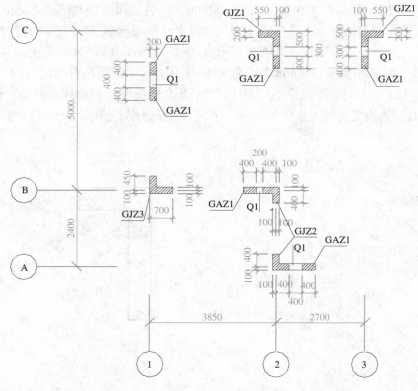

图 6-8　剪力墙柱平面布置图

解：

本工程每层楼面梁及屋面梁宽度均与剪力墙同厚，则剪力墙柱与梁相交处计入剪力墙柱，即剪力墙柱高从基础面通长计至屋面。又该剪力墙柱截面厚度不大于300mm，除$1 \times B$轴处的GJZ3的各肢截面高度与厚度之比的最大值不大于4，应按"异形柱"项目编码列项外，其余剪力墙柱各肢截面高度与厚度之比的最大值均大于4但不大于8，应按"短肢剪力墙"列项。则其清单工程量计算过程如下：

（1）异形柱

GJZ3，$1 \times B$：$V =$（0.7+0.35）$\times 0.2 \times$（0.8+18.2）=3.99m³

（2）短肢剪力墙

$2 \times A$：$V =$（1.3+0.3）$\times 0.2 \times$（0.8+18.2）=6.08m³

$2 \times B$：$V =$（1.1+0.3）$\times 0.2 \times$（0.8+18.2）=5.32m³

$1 \times 1/B$：$V = 1.2 \times 0.2 \times$（0.8+18.2）=4.56m³

$2、3 \times C$：$V =$（0.65+1）$\times 0.2 \times$（0.8+18.2）$\times 2$=12.54m³

小计28.50m³

五、现浇混凝土板

现浇混凝土板包括有梁板、无梁板、平板、拱板、薄壳板、栏板、天沟、挑檐板、雨篷、悬挑板、阳台板和其他板等。

1.有梁板、无梁板、平板、拱板、薄壳板、栏板

工程量按设计图示尺寸以体积计算，不扣除单个面积$\leq 0.3m^2$的柱、垛以及孔洞所占体积。压形钢板混凝土楼板扣除构件内压形钢板所占体积。

有梁板（见图6-9a）按梁（包括主、次梁）、板体积之和计算；无梁板（见图6-9b）按板和柱帽体积之和计算；各类板伸入墙内的板头并入板体积内（见图6-9c），薄壳板的肋、基梁并入薄壳体积内计算。

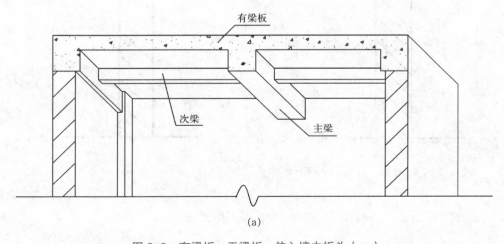

（a）

图6-9 有梁板、无梁板、伸入墙内板头（一）

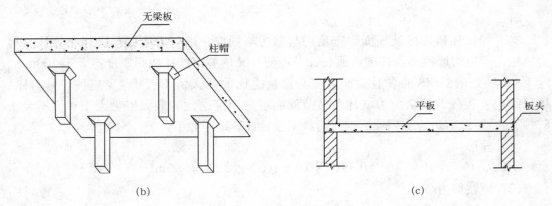

(b)

(c)

图 6-9　有梁板、无梁板、伸入墙内板头（二）

（a）有梁板；（b）无梁板；（c）伸入墙内板头

2. 天沟、挑檐板、雨篷、悬挑板、阳台板

天沟、挑檐板：工程量按设计图示尺寸以体积计算，如图 6-10a、b 所示。

雨篷、悬挑板、阳台板：工程量按设计图示尺寸以墙外部分体积计算。包括伸出墙外的牛腿和雨篷反挑檐的体积，如图 6-10c、d 所示。

现浇天沟、挑檐板、雨篷、悬挑板、阳台与板（包括屋面板、楼板）连接时，以外墙外边线为分界线；与圈梁（包括其他梁）连接时，以梁外边线为分界线。外边线以外的为挑檐、天沟、雨篷或阳台，如图 6-10 所示。

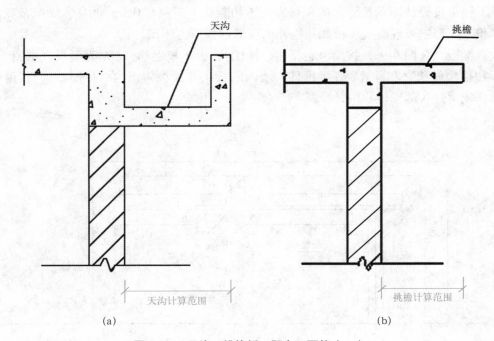

(a)

(b)

图 6-10　天沟、挑檐板、阳台、雨篷（一）

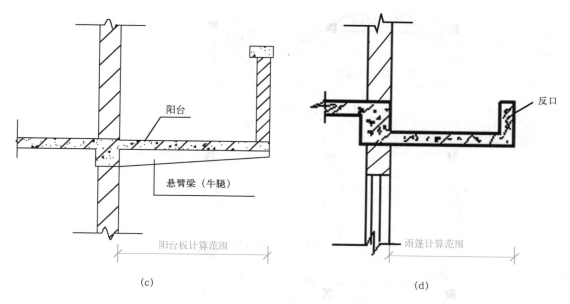

(c)   (d)

图 6-10 天沟、挑檐板、阳台、雨篷（二）
(a) 天沟；（b) 挑檐板；（c) 阳台；（d) 雨篷

【例 6-5】某工程二层梁结构平面如图 6-11 所示，已知该层楼板厚度均为 100mm，KZ1、KZ2 尺寸均为 300mm × 300mm，梁板混凝土为 C30 混凝土 20 石（普通商品混凝土），试计算该有梁板的清单工程量。

解：

本工程有梁板按梁板体积之和计算，KZ1、KZ2 单个面积均在 0.3m² 以内，不扣除柱位，但应扣除楼梯间孔洞，则有梁板清单工程量计算过程如下：

梁：

1、2、3 × A–D（250×500）：(8.4–0.3×3) × 0.25×0.4×3 = 0.75×3 = 2.25m³

C、D × 1–3（250×500）：(7.5–0.3×3) × 0.25×0.4×2 = 0.66×2 = 1.32m³

A × 1–3（250×500）：(7.5–0.3×2–0.25) × 0.25×0.4 = 0.665m³

B × 2–3（250×500）：(3.64–0.125–0.3) × 0.25×0.4 = 0.322m³

1/C × 1–3（200×450）：(7.5–0.25×3) × 0.2×0.35 = 0.473m³

梁体积小计 5.03m³

板：

1–3 × A–D：7.5×8.4×0.1=6.30m³

扣楼梯间：(3.64–0.25–0.125) × (2.2–0.125–0.1) × 0.1=0.645m³

板体积小计 5.66m³

有梁板合计 10.69m³

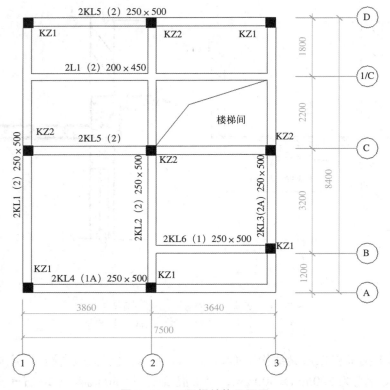

图 6-11 二层梁结构平面图

六、现浇混凝土楼梯

现浇混凝土板包括直形楼梯、弧形楼梯。清单工程量有以下两种算法：

1. 以平方米计量，按设计图示尺寸以水平投影面积计算。不扣除宽度≤500mm 的楼梯井，伸入墙内部分不计算。

2. 以立方米计量，按设计图示尺寸以体积计算。

整体楼梯（包括直形楼梯、弧形楼梯）水平投影面积包括休息平台、平台梁、斜梁和楼梯的连接梁。当整体楼梯与现浇楼板无梯梁连接时，以楼梯的最后一个踏步边缘加300mm 为界。如图 6-12 所示。

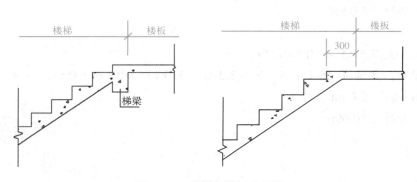

图 6-12 楼梯与楼板分界线

【例 6-6】某二层住宅楼梯平面与 1-1 剖面如图 6-13 所示，已知 KZ1 尺寸为 300mm×300mm，GZ1 尺寸为 180mm×180mm，梯底板厚 120mm，休息平台板板厚 100mm，楼梯混凝土为 C30 混凝土 20 石（普通商品混凝土），试计算该楼梯的清单工程量。

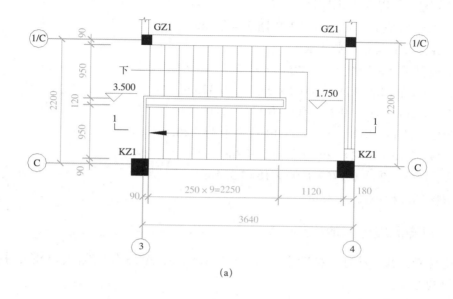

(a)

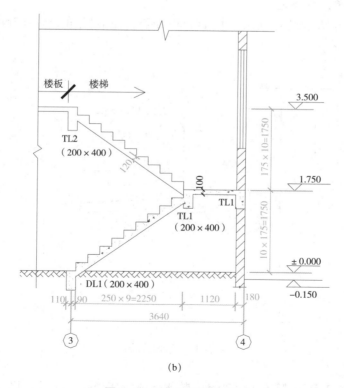

(b)

图 6-13　某二层住宅楼梯

(a) 二层楼梯平面图；(b) 楼梯 1-1 剖面图

解：楼梯井宽度为 120mm<500mm，所以计算水平投影面积时不扣除楼梯井，伸入墙内部分不计算。但按体积计算时按设计图示尺寸以体积计算，即楼梯井应扣除，伸入墙内部分也要按实际体积计算，则直形楼梯清单工程量计算过程如下：

（1）算法一：以平方米计量

$S=（0.2+2.25+1.12）×（2.2-0.18）=7.21m^2$

（2）算法二：以立方米计量

梯底板斜长 $= =\sqrt{2.25^2+1.575^2}=2.75m$

DL1、TL2：$（2.2-0.18）×0.2×0.4×2=0.323m^3$

TL1：$（2.2-0.18）×0.2×（0.4-0.1）×2=0.242m^3$

平台板：$（1.12+0.18）×（2.2-0.18）×0.1=0.263m^3$

梯底板：$2.75×0.12×0.95×2=0.627m^3$

踏步：$1/2×0.25×0.175×0.95×18=0.374m^3$

直形楼梯体积小计：$1.83m^3$

七、现浇混凝土其他构件

现浇混凝土其他构件包括散水、坡道、室外地坪、电缆沟、地沟、台阶、扶手、压顶、其他构件等。

1.散水、坡道、室外地坪

工程量按设计图示尺寸以水平投影面积计算。不扣除单个 $\leqslant 0.3m^2$ 的孔洞所占面积，如图 6-14 所示。

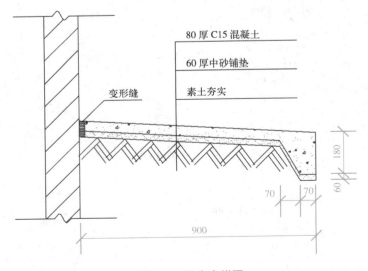

图 6-14　散水大样图

【**例 6-7**】某工程有散水长 120m，散水大样如图 6-14 所示，已知散水混凝土为 C15 普通商品混凝土，变形缝用建筑油膏填缝，求该工程散水的清单工程量。

解： 散水清单工程量按设计图示尺寸以水平投影面积计算，不扣除变形缝，则其清单工程量为：

$$S=0.9 \times 120=108\text{m}^2$$

2. 电缆沟、地沟

工程量按设计图示以中心线长计算，如图 6-15 所示。

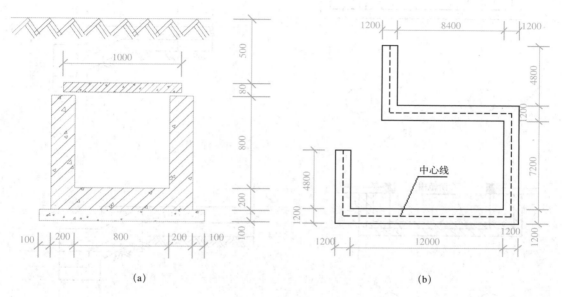

图 6-15　地沟
(a) 地沟剖面图；　(b) 地沟平面图

【例 6-8】某工程地沟的剖面及平面如图 6-15 所示，已知地沟混凝土为 C25 普通商品混凝土，地沟垫层为 C15 混凝土 10 石（现场搅拌机），地沟盖板为预制混凝土盖板，单个尺寸为 1000mm×490mm×80mm，现场土壤类别为二类土，求该工程地沟的清单工程量。

解： 预制混凝土盖板另按预制构件中相应项目列项，不包含在地沟清单内。地沟清单工程量按以中心线长计算，则其清单工程量为：

$$L=4.8+0.6+0.6+12+0.6+0.6+7.2+1.2+8.4+1.2+4.8=42\text{m}$$

3. 台阶

清单工程量有以下两种算法：

算法一：以平方米计量，按设计图示尺寸水平投影面积计算。

算法二：以立方米计量，按设计图示尺寸以体积计算。

台阶的计算范围为最上一级台阶的边线向里加一级台阶的宽度，如图 6-16c 所示的阴影部分面积即为台阶的计算范围。应注意，架空式混凝土台阶，按现浇楼梯计算。

【例 6-9】某工程台阶的剖面及平面如图 6-16 所示，已知台阶混凝土为 C15 普通商品混凝土，台阶垫层为 80mm 厚 1：3：6 石灰、砂、碎石三合土，求该工程台阶的清单工程量？

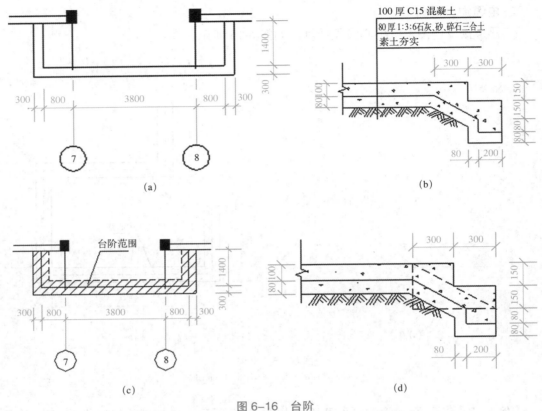

图 6-16 台阶

(a) 台阶平面图；(b) 台阶剖面图；(c) 台阶计算范围；(d) 台阶混凝土体积计算

解：台阶垫层另列项计算。台阶清单工程量可按水平投影面积和体积两种方法计算，其清单工程量计算过程为：

（1）算法一：以平方米计量，如图 6-16c 所示。

S =（3.8+1.6+0.6）×（1.4+0.3）–（3.8+1.6–0.6）×（1.4–0.3）= 4.92m²

（2）算法二：以立方米计量，工程量按混凝土体积计算。如图 6-16d 所示。

V = 截面积 S × 台阶长度 L

S =0.3×0.15+1/2×（0.6×0.3–0.4×0.2）+0.2×0.08 = 0.111m²

L =3.8+1.6+1.4×2=8.2m

V =0.91m³

4. 压顶

清单工程量有以下两种算法：

算法一：以米计量，按设计图示的中心线延长米计算。

算法二：以立方米计量，按设计图示尺寸以体积计算。如图 6-17 所示。

【例 6-10】如图 6-17 所示的女儿墙压顶长为 45m，已知压顶混凝土为 C25 普通商品混凝土，求该工程压顶的清单工程量。

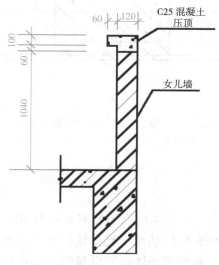

图 6-17　压顶大样图

解：女儿墙压顶需另列清单项计算，压顶工程量可按两种方法计算，其清单工程量计算过程为：

（1）算法一：以米计量　$L=45m$

（2）算法二：以立方米计量　$V=45×（0.18×0.1+0.12×0.06）=1.13m^3$

5. 其他构件

工程量按设计图示尺寸以体积计算。现浇混凝土小型池槽、垫块、门框等，应按其他构件项目编码列项。

八、后浇带

工程量按设计图示尺寸以体积计算。楼板及梁的后浇带做法如图 6-18 所示。

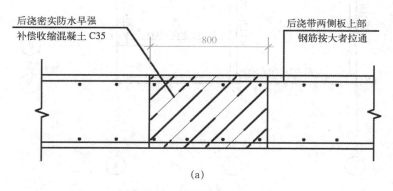

（a）

图 6-18　楼板及梁的后浇带做法（一）

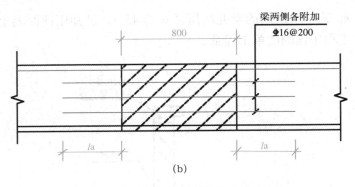

图 6-18　楼板及梁的后浇带做法（二）
(a) 楼板后浇带做法；　(b) 梁后浇带做法

【能力测试】

已知某二层框架住宅的二层梁结构平面如图 6-11 所示，屋面梁结构平面如图 6-19 所示，其基础平面及大样如图 6-20 所示，已知该住宅二层平面标高为 3.5m、屋面标高为 6.7m，KZ1、KZ2 从独立基础顶面浇至二层屋面，尺寸为 300mm×300mm，顶层板厚均为 100mm，基础及柱梁板混凝土均为 C30 混凝土 20 石（普通商品混凝土），试计算该工程独立基础、柱、有梁板的清单工程量。

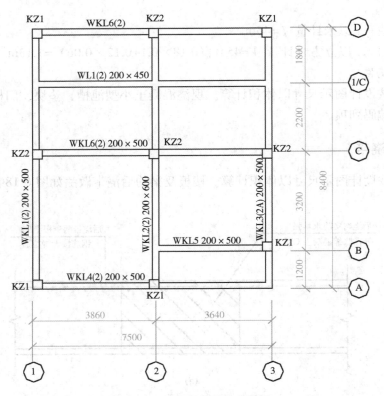

图 6-19　屋面面梁结构平面图

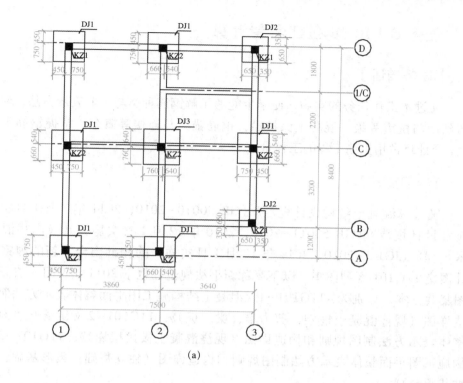

(a)

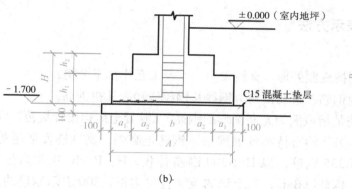

(b)

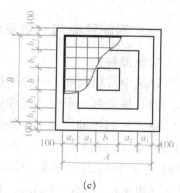

(c)

基础编号	类型	基础平面尺寸						基础高度		
		A	a_1	a_2	B	b_1	b_2	H	h_1	h_2
DJ1		1200	200		1200	200		500	300	200
DJ2		1000	200		1000	200		500	300	200
DJ3		1400	200		1400	200		500	300	200

(d)

图 6-20 某二层框架住宅基础

(a) 基础平面图; (b) 基础断面图; (c) 基础平面大样图; (d) 基础尺寸

任务 6.1.2 钢筋工程量计算

【任务描述】

通过本工作任务的实施，使学生能够了解钢筋种类与一般表示方法、建筑物抗震设防烈度与抗震等级、混凝土保护层、钢筋锚固与连接等概念，掌握钢筋工程量计算方法；会计算常用钢筋工程的工程量。

【学习支持】

随着《混凝土结构设计规范》（GB 50010-2010，2011 年 7 月 1 日实施）、《建筑抗震设计规范》（GB 50011-2010，2010 年 12 月 1 日实施）及《高层混凝土结构技术规程》（JGJ 3-2010，2011 年 10 月 1 日实施）的相继出台，新的国家建筑标准设计图集 11G101 系列图集（以下简称新平法规范）也于 2011 年 9 月 1 日正式实施，该图集共三本，分别为：11G101-1《混凝土结构施工图平面整体表示方法制图规则和构造详图（现浇混凝土框架、剪力墙、梁、板）》、11G101-2《混凝土结构施工图平面整体表示方法制图规则和构造详图（现浇混凝土板式楼梯）》、11G101-3《混凝土结构施工图平面整体表示方法制图规则和构造详图（独立基础、条形基础、筏形基础及桩基承台）》。

一、钢筋种类与一般表示方法

1. 钢筋种类

建筑中常用钢筋，可分别按轧制外形、直径大小、生产工艺作如下分类：

（1）按轧制外形分为光面钢筋、带肋钢筋、钢线及钢绞线和冷轧扭钢筋。

◆ 光面钢筋。光面钢筋是指截面为光面圆形的钢筋。《混凝土结构设计规范》GB 50010-2010 坚持"四节一环保"的可持续发展国策，钢筋走高强、高性能发展趋势，普通光面钢筋淘汰低强 HPB235 钢筋，以 HPB300 钢筋替代。H、P、B 分别为热轧（Hot rolled）、光面（Plain）、钢筋（Bars）三个词的英文首位字母，300 表示钢筋的屈服强度标准值为 300MPa。

◆ 带肋钢筋。带肋钢筋有螺旋形、人字形和月牙形三种。工程中一般选择月牙肋钢筋及光圆钢筋作为普通受力钢筋，选择螺旋肋钢丝、光圆钢丝、钢绞线以及螺纹钢筋作为承载预应力的受力钢筋。目前应用的带肋钢筋有 HRB335、HRB400、HRB500、RRB400、HRBF335、HRBF400、HRBF500，其中 335MPa 钢筋为限制并准备淘汰的品种。H、R、B 分别为热轧（Hot rolled）、带肋（Ribbed）、钢筋（Bars）三个词的英文首位字母，HRBF 是细晶粒热轧钢筋，RRB400 是余热处理钢筋。

◆ 钢线（分低碳钢丝和碳素钢丝两种）及钢绞线。

◆ 冷轧扭钢筋。经冷轧并冷扭成型。

（2）按直径大小分为钢丝（直径 3～5mm）、细钢筋（直径 6～10mm）和粗钢筋

（直径大于 22mm）。

（3）按生产工艺分为热轧钢筋、冷拉钢筋、热处理钢筋和冷拔低碳钢丝等。

2. 常用钢筋牌号的符号

新规范实施后的常用钢筋牌号的符号见表 6-11。

常用钢筋牌号的符号　　　　　　　　　　表 6-11

牌号	符号	牌号	符号
HPB300	Φ	HRBF400	ΦF
HRB335	Φ	RRB400	ΦR
HRBF335	ΦF	HRB500	Φ
HRB400	Φ	HRBF500	ΦF

3. 钢筋的一般表示方法

（1）钢筋数量 + 钢筋级别 + 钢筋直径

如"2Φ18"表示：两根直径为 18mm 的 HRB335 钢筋。

（2）钢筋级别 + 钢筋直径 +@+ 钢筋间距

如"Φ10@200"表示：直径为 10mm 的 HPB300 钢筋，间距为 200mm。

二、建筑物抗震设防烈度与抗震等级

1. 地震烈度与抗震设防烈度

地震烈度是指地面及房屋等建筑物受地震破坏的程度。中国把地震划分为六级：小地震 3 级，有感地震 3 ~ 4.5 级，中强地震 4.5 ~ 6 级，强烈地震 6 ~ 7 级，大地震 7 ~ 8 级，大于 8 级的为巨大地震。

抗震设防烈度为按国家规定的权限批准作为一个地区抗震设防依据的地震烈度。一般情况，取 50 年内超越概率 10% 的地震烈度。

2. 抗震等级

抗震等级指的是建筑设计中根据结构重要性、所处地震带位置等需求划分的等级。钢筋混凝土房屋应根据设防类别、烈度、结构类型和房屋高度采用不同的抗震等级。以钢筋混凝土框架结构为例，抗震等级划分为一、二、三、四级，以表示其很严重、严重、较严重及一般的四个级别。现浇钢筋混凝土房屋的抗震等级见表 6-12。

现浇钢筋混凝土房屋的抗震等级　　　　　　表 6-12

结构类型		设防烈度						
		6		7		8		9
		≤ 24	> 24	≤ 24	> 24	≤ 24	> 24	≤ 24
框架结构	高度（m）							
	框架	四	三	三	二	二	一	一
	大跨度框架	三		二		一		一

续表

结构类型		设防烈度									
		6		7			8			9	
框架-抗震墙结构	高度（m）	≤ 60	> 60	≤ 24	25 ~ 60	> 60	≤ 24	25 ~ 60	> 60	≤ 24	25 ~ 50
	框架	四	三	四	三	二	三	二	一	二	一
	抗震墙	三		三		二	二		一		一
抗震墙结构	高度（m）	≤ 80	> 80	≤ 24	25 ~ 80	> 80	≤ 24	25 ~ 80	> 80	≤ 24	25 ~ 60
	抗震墙	四	三	四	三	二	三	二	二		一

注：大跨度框架指跨度不小于 18m 的框架。

三、混凝土保护层、钢筋锚固与连接

1. 混凝土保护层

混凝土保护层指结构构件中钢筋的外边缘至构件表面范围用于保护钢筋的混凝土，简称保护层。保护层厚度 bhc 以最外层钢筋外边缘至混凝土外表面的距离，不再是主筋外缘起算。混凝土保护层的最小厚度及混凝土结构的环境类别见表 6-13 和表 6-14。

混凝土保护层的最小厚度（mm）　　　　　　　　　表 6-13

环境类别	板、墙	梁、柱
一	15	20
二 a	20	25
二 b	25	35
三 a	30	40
三 b	40	50

注：
（1）该表适用于设计使用年限为 50 年的混凝土结构。
（2）混凝土强度等级不大于 C25 时，表中保护层厚度数值应增加 5。
（3）基础底面钢筋的保护层厚度，有混凝土垫层时应从垫层顶面算起，且不小于 40mm。

混凝土结构的环境类别　　　　　　　　　表 6-14

环境类别	条件
一	室内干燥环境；无侵蚀性静水浸没环境
二 a	室内潮湿环境；非严寒和非寒冷地区的露天环境； 非严寒和非寒冷地区与无侵蚀性的水或土壤直接接触的环境； 严寒和寒冷地区的冰冻线以下与无侵蚀性的水或土壤直接接触的环境
二 b	干湿交替环境；水位频繁变动环境；严寒和寒冷地区的露天环境； 严寒和寒冷地区的冰冻线以上与无侵蚀性的水或土壤直接接触的环境
三 a	严寒和寒冷地区冬季水位变动区环境；受除冰盐影响环境；海风环境

续表

环境类别	条件
三 b	盐渍环境；受除冰盐作用环境；海岸环境
四	海水环境
五	受人为或自然的侵蚀性物质影响的环境

2. 钢筋锚固

钢筋锚固指钢筋被包裹在混凝土中，目的是使两者能共同工作以承担各种应力。

钢筋的锚固长度指受力钢筋依靠其表面与混凝土的粘接作用或端部构造的挤压作用而达到设计承受应力所需的长度。钢筋的锚固长度一般指梁、板、柱等构件的受力钢筋伸入支座或基础中的总长度，包括直线及弯折部分。

受拉钢筋的基本锚固长度表示为 l_{ab}（非抗震）和 l_{abE}（抗震），其取值见表 6-15，则受拉钢筋的最小锚固长度（表示为 l_a）和抗震锚固长度（表示为 l_{aE}）同基本锚固长度的关系有：

$$l_a = \zeta_a l_{ab}$$
$$l_{aE} = \zeta_a l_{abE}$$

其中，ζ_a 为锚固长度修正系数，按表 6-16 取用，当多于一项时，可按连乘计算，但不应小于 0.6；l_a 不应小于 200mm。

受拉钢筋的基本锚固长度 l_{ab}、l_{abE} 取值   表 6-15

钢筋种类	抗震等级	混凝土强度等级			
		C20	C25	C30	C35
HPB300	一、二级（l_{abE}）	45d	39d	35d	32d
	三级（l_{abE}）	41d	36d	32d	29d
	四级（l_{abE}）非抗震（l_{ab}）	39d	34d	30d	28d
HRB335 HRBF335	一、二级（l_{abE}）	44d	38d	33d	31d
	三级（l_{abE}）	40d	35d	31d	28d
	四级（l_{abE}）非抗震（l_{ab}）	38d	33d	29d	27d
HRB400 HRBF400 RRB400	一、二级（l_{abE}）	—	46d	40d	37d
	三级（l_{abE}）	—	42d	37d	34d
	四级（l_{abE}）非抗震（l_{ab}）	—	40d	35d	32d

锚固条件		ζ_a	—
带肋钢筋的公称直径大于25		1.10	
环氧树脂涂层带肋钢筋		1.25	
施工过程易受扰动的钢筋		1.10	
锚固区保护层厚度	3d	0.8	注：中间时按内插值。
	5d	0.7	d为锚固钢筋直径

受拉钢筋锚固长度修正系数 ζ_a 取值　　　　　　表6-16

3. 钢筋连接

钢筋连接指通过绑扎搭接、机械连接、焊接等方法实现钢筋之间内力传递的构造形式。

其中，绑扎连接是直接将二根钢筋相互参差地搭接在一起；焊接连接包括闪光对焊、电阻点焊、电弧焊、电渣压力焊、气压焊等方法。机械连接包括直螺纹套筒连接、锥螺纹套筒连接、挤压套筒连接方法。

（1）纵向受拉钢筋绑扎搭接长度

纵向受拉钢筋绑扎搭接长度表示为 l_1（非抗震）和 l_{lE}（抗震），其与受拉钢筋的最小锚固长度（表示为 l_a）和抗震锚固长度（表示为 l_{aE}）的关系有：

$$l_1 = \zeta_1 l_a$$
$$l_{lE} = \zeta_1 l_{aE}$$

其中，ζ_l 为纵向受拉钢筋搭接长度修正系数，按表6-17取用，当纵向钢筋搭接接头百分率为表的中间值时，可按内插取值；l_1 和 l_{lE} 按直径较小的钢筋计算，且任何情况下 l_1 和 l_{lE} 不应小于300mm。

纵向受拉钢筋搭接长度修正系数 ζ_l 取值　　　　　　表6-17

纵向钢筋搭接接头面积百分率（%）	≤25	50	100
ζ_l	1.2	1.4	1.6

（2）纵向钢筋搭接接头面积百分率的计算

纵向钢筋搭接接头面积百分率是指同一连接区段内有连接接头的纵向受力钢筋截面面积与全部纵向受力钢筋截面面积的比值。

对于钢筋绑扎搭接，其同一连接区段长度为1.3倍搭接长度；对于钢筋机械连接，其同一连接区段长度为35d；对于钢筋焊接，其同一连接区段长度为35d且≥500。凡搭接接头中点位于该连接区段长度内的搭接接头均属于同一连接区段；d为相互连接两根钢筋中较小钢筋；当同一构件内不同连接钢筋计算连接区段长度不同时取大值，如图6-21所示。

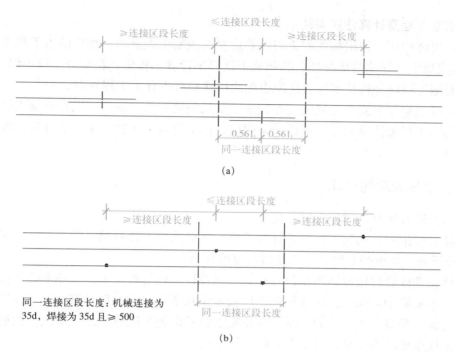

图 6-21　同一连接区段内纵向受拉钢筋接头
（a）绑扎搭接接头；（b）机械连接、焊接接头

如图 6-21 所示的四根绑扎或机械连接、焊接的纵向钢筋如果直径相同，则表明在同一连接区段内有接头的钢筋截面面积占总截面面积的 2/4，即图中纵向钢筋搭接接头面积百分率为 50%。

【任务实施】

一、钢筋工程量计算方法

1. 钢筋质量的理论计算公式

钢筋的清单工程量和定额工程量计算方法相同，均按设计图示钢筋长度乘单位理论质量计算。即：

$$钢筋质量 = 钢筋长度 \times 单位理论质量$$

式中　钢筋长度——按施工图示尺寸及构造要求计算，为本章学习重点内容；

单位理论质量——$0.617d^2/100$（kg/m）（其中 d 为钢筋直径，单位为 mm），常用钢筋单位理论质量见表 6-18。

常用钢筋单位理论质量　　　　　　　　　　　　表 6-18

直径（mm）	6	6.5	8	10	12	14	16	18	20	22
每米质量（kg/m）	0.222	0.260	0.395	0.617	0.888	1.208	1.578	1.998	2.466	2.984

2. 钢筋工程量计算注意问题

（1）现浇构件中伸出构件的锚固钢筋应并入钢筋工程量内。钢筋清单工程量除设计（包括规范规定）标明的搭接外，其他施工搭接不计算工程量，在综合单价中综合考虑。如因钢筋施工现场开料及定尺长度所引起的搭接长度不计入工程量内。

（2）现浇构件中固定位置的支撑钢筋、双层钢筋用的"铁马"以及机械连接接头个数等在编制工程量清单时，如果设计未明确，其工程量可为暂估量，结算时按现场签证数量计算。

二、钢筋长度的计算

钢筋长度有预算长度与下料长度之分。

预算长度指的是钢筋工程量的计算长度，主要是用于计算钢筋的质量，确定工程的造价；而下料长度指的是钢筋施工备料配制的计算尺寸。

预算长度计算时按设计图示尺寸计算，除设计（包括规范规定）标明的搭接外，施工损耗、因钢筋加工综合开料及钢筋出厂长度定尺所引起的非设计接驳长度在综合单价中综合考虑，预算长度不计算；而下料长度则要根据施工进料的定尺情况、钢筋连接方式及施工规范要求考虑全部搭接在内的计算长度。

钢筋预算长度指的是外包长度，不用考虑钢筋的弯曲调整值；而下料长度则指的是钢筋中心线长度，要考虑钢筋的弯曲调整值。

本任务中钢筋长度的计算指的是预算长度的计算。

1. 直型钢筋长度计算

$$钢筋长度 = 钢筋直段长度 + 钢筋弯钩长度$$

式中，钢筋弯钩长度见表 6-19，钢筋弯钩形式如图 6-22 所示。图纸如果没有特别注明的情况下，圆钢末端做成 180° 弯钩，带肋钢筋末端不设弯钩。

钢筋直段长度涉及节点锚固长度、设计搭接长度，具体计算方法详见 11G101 平法系列规范。

钢筋弯钩长度

表 6-19

钢筋类别	180°	135°	90°
圆钢（D = 2.5d）	6.25d	4.9d	3.5d
带肋钢筋（D = 4d）	无	5.90d	3.9d
备注	平直段长度取 3d，D 为弯钩的弯曲直径。		

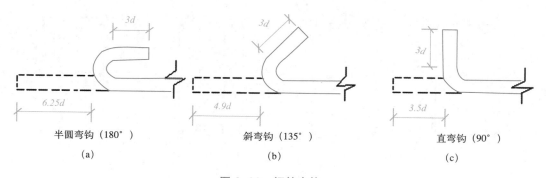

图 6-22　钢筋弯钩

(a) 135°斜弯钩；(b) 180°半圆钩；(c) 90°直弯钩

2. 弯曲钢筋长度计算

钢筋长度 = 钢筋直段长度 + 弯起部分长度 + 钢筋弯钩长度

式中，弯起部分长度、弯起部分增加长度见表 6-20。

弯起部分增加长度　　　　　　　　　　表 6-20

弯曲钢筋形状			
弯起部分长度 S	$2h$	$1.414h$	$1.155h$
弯起部分长度增加长度 $\triangle l = S - L$	$0.268h$	$0.414h$	$0.577h$

3. 箍筋长度计算

常见的梁箍筋的形式有双肢箍、三肢箍、四肢箍、拉筋等，如图 6-23（a）～（d）所示；常见的柱箍筋的形式有矩形箍、菱形箍、井字箍等，如图 6-23（e）～（g）所示。

计算公式如下：

$$双肢箍、矩形箍长度 = 2 \times (b+h) - 8 \times c + 2 \times 箍筋弯钩长度$$
$$拉筋长度 = b - 2 \times c + 2 \times 箍筋弯钩增加长度$$

式中　b，h——构件截面宽和高；

c——混凝土保护层。

箍筋弯钩增加长度见表 6-21，箍筋弯钩形式如图 6-24 所示。

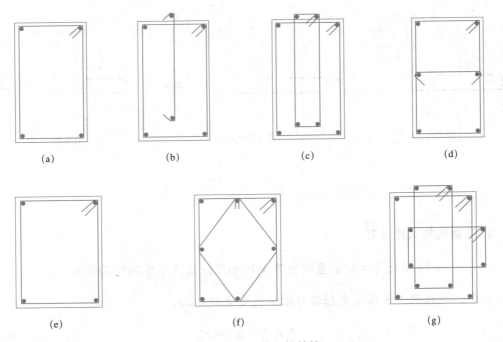

图 6-23　梁箍筋和柱箍筋

(a) 双肢箍；　(b) 三肢箍；　(c) 四肢箍；　(d) 拉筋
(e) 矩形箍；　(f) 矩形箍+菱形箍；　(g) 井字箍

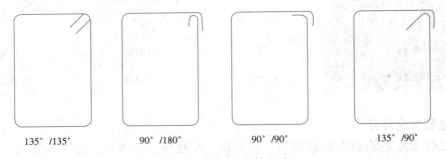

| 135°/135° | 90°/180° | 90°/90° | 135°/90° |

图 6-24　箍筋弯钩形式

箍筋弯钩增加长度　　　　　　　表 6-21

结构形式 ＼ 弯钩形式	180°	90°	135°
一般结构	8.25d	5.5d	6.9d
抗震结构	13.25d	10.5d	11.9d

【例 6-11】已知某工程屋面梁配筋平面如图 6-25，已知该工程抗震等级为三级，KZ1、KZ2 尺寸为 300mm×300mm，梁混凝土强度等级为 C25，梁纵筋连接方式为绑

扎搭接，带肋钢筋定尺长为 8m；所有主梁集中重处除加图示附加吊筋外，均另加附加箍筋 6 根，悬挑梁端另加附加箍筋 3 根，试计算 1/C×1 ～ 3 轴 WL1 及 3×A ～ D 轴 WKL3 的钢筋工程量？

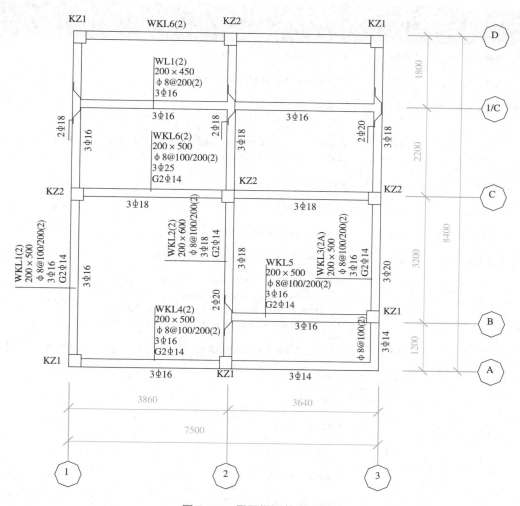

图 6-25　屋面梁配筋平面图

解：本工程抗震等级为三级，混凝土强度等级为 C25，图示纵筋均为 HRB335 钢筋，由定尺长度引起的施工搭接不计算工程量。根据新平法规范 11G101-1 的规定，$l_{aE} = l_{abE} = 35d$，梁保护层 = 25mm；箍筋加密区范围 max{1.5hb，500mm}=750mm；当纵筋为 Φ18 时，$hc-bhc$=300-25 < l_{abE} = 35×18=630mm，故所有框架梁纵筋在端部均应弯折。

WKL3：0 跨长 = 1.2m，第一跨净长 = 3.2-0.3-0.2 = 2.7m，加密区范围 =750mm，非加密区范围 =2700-750×2 = 1200mm，第二跨净长 = 4-0.1-0.3 = 3.6m，加密区范围 =750mm，非加密区范围 =3600-750×2 = 2100mm。

WL1：第一跨净长＝3.86–0.2–0.1＝3.56m，第二跨净长＝3.64–0.1–0.2＝3.34m。

则 1/C×1～3轴WL1及3×A～D轴WKL3的钢筋工程量计算如下表6–22：

WKL3纵筋及箍筋长度计算表   表6–22

纵筋类别	纵筋直径	计算公式	长度（mm）	根数
上部通长筋	ф16	8400–25×2+15×16+12×16	8782	2
上部通长筋	ф16	8400–25×2+15×16+0.414×（500–25×2）	8776.3	1
梁侧面构造纵筋	ф14	8400–25–300+15×14	8285	2
拉筋	ф6	长度＝（200–25×2）+2×75+2×1.9×6＝322.8 根数＝ceil［（1200–200–100）/400]+ceil［（2700–100）/400)]+ceil［（3600–100）/400)]+3＝3+7+9+3＝22	322.8	22
悬臂跨底筋	ф14	1200–25+15×14	1385	3
第一跨底筋	ф20	2700+35×20×2	4100	3
第二跨底筋	ф18	3600+35×18+300–25+15×18	4775	3
附加吊筋	ф20	200+100+1.414×（500–25×2）×2+20×20×2	2372.6	2
箍筋	ф8	长度＝（200+500）×2–25×8+2×11.9×8＝1390.4 根数＝ceil［（1200–200–100）/100]+2×ceil［（700–50）/100)]+ceil（1200/200）+2×ceil［（700–50）/100)]+ceil（2100/200）+3＝9+14+6+14+11+3＝57	1390.4	57
附加箍筋	ф8	根数＝主次梁相交处6+悬臂端3	1390.4	9
小计	ф20	4100×3+2372.6×2	17045.2	
	ф18	4775×3	14325	
	ф16	8782×2+8776.3	26340.3	
	ф14	8285×2+1385×3	20725	
	ф8	1390.4×（57+9）	91766.4	
	ф6	322.8×22	7101.6	
上部通长筋	ф16	7500–25×2+15×16×2	7930	3
第一跨底筋	ф16	3560+12×16×2	3944	3
第二跨底筋	ф16	3340+12×16×2	3724	3
箍筋	ф8	长度＝（200+450）×2–25×8+2×11.9×8＝1290.4 根数＝ceil［（3560–100）/200]+ceil［（3340–100）/200]+2＝18+17+2＝37	1290.4	37
小计	ф16	(7930+3944+3724)×3	46794	
	ф8	1290.4×37	47744.8	

注：上表中箍筋根数的计算中，所有箍筋及拉筋根数均为向上取整。

则梁纵筋及箍筋工程量为：

φ25 内带肋钢筋：$17045.2 \times 2.466 + 14325 \times 1.998 + (26340.3 + 46794) \times 1.578 + 20725 \times 1.208 = 211097\text{kg} = 211.097\text{t}$

φ10 内箍筋：$(91766.4 + 47744.8) \times 0.395 + 7101.6 \times 0.260 = 56953\text{kg} = 56.953\text{t}$

注：一般图纸注明直径为 6 的钢筋，因为实际只供应直径为 6.5 的钢筋，所以实际施工中要用直径为 6.5 的钢筋代替。

【能力测试】

试计算【例 6-11】中天面梁 $1 \times A \sim D$ 轴 WKL1 及 $A \times 1 \sim 3$ 轴 WKL4 钢筋工程量？

任务 6.1.3　现浇混凝土及钢筋工程量清单的编制

【任务描述】

通过本工作任务的实施，使学生能够掌握现浇混凝土及钢筋工程量清单的编制方法；会编制常用现浇混凝土及钢筋工程的工程量清单。

【任务实施】

一、现浇混凝土及钢筋工程量清单的编制方法

工程量清单编制根据《房屋建筑与装饰工程工程量计算规范》GB 50854-2013 附录规定的项目编码、项目名称、项目特征、计量单位和工程量计算规则进行编制。

其中项目编码应采用十二位阿拉伯数字表示，一至九位按附录的规定设置，十至十二位应根据拟建工程的工程量清单项目名称和项目特征设置，同一招标工程的项目编码不得有重码。如混凝土小型池槽和女儿墙底混凝土垫块均按其他构件分开列项，前九位均为 010507007，后三位则应分别为 001 和 002。

项目名称应按附录的项目名称结合拟建工程的实际情况确定。如顶层和标准层楼板因混凝土材料不同而应分开列项，则名称可分别为"有梁板（1 ~ 20 层）"、"有梁板（顶层）"。

项目特征应按附录中规定的项目特征，结合拟建工程的实际情况进行描述，实际工程中没有的特征可以不用描述。如实际工程"散水"中若不用铺设垫层，则不用描述垫层材料种类、厚度。

【例 6-12】根据本项目 [例 6-1] ~ [例 6-11] 的计算结果，试编制现浇混凝土及钢筋的工程量清单。

解：根据 [例 6-1] ~ [例 6-11] 的计算结果，汇总现浇混凝土及钢筋的工程量清单（见表 6-23）：

分部分项工程量清单与计价表　　　　　表 6-23

序号	项目编码	项目名称	项目特征描述	计量单位	工程数量	金额（元）		
						综合单价	合价	其中：暂估价
1	010501003001	独立基础	1. 混凝土种类：普通商品混凝土 2. 混凝土强度等级：C25	m³	22.64			
2	010501001001	垫层	1. 混凝土种类：现场搅拌混凝土（搅拌机）10 石 2. 混凝土强度等级：C10	m³	6.91			
3	010502002001	构造柱	1. 混凝土种类：普通商品混凝土 2. 混凝土强度等级：C25	m³	2.68			
4	010503001001	基础梁	1. 混凝土种类：普通商品混凝土 2. 混凝土强度等级：C25	m³	5.69			
5	010502003001	异形柱	1. 柱形状：L 形 2. 混凝土种类：普通商品混凝土 3. 混凝土强度等级：C30	m³	3.99			
6	010504003001	短肢剪力墙	1. 混凝土种类：普通商品混凝土 2. 混凝土强度等级：C30	m³	28.50			
7	010505001001	有梁板	1. 混凝土种类：普通商品混凝土 2. 混凝土强度等级：C30	m³	10.69			
8	010506001001	直形楼梯	1. 混凝土种类：普通商品混凝土 2. 混凝土强度等级：C30	m³	1.83			
9	010507001001	散水	1. 垫层材料种类、厚度：60mm 厚中砂 2. 面层厚度：80mm 3. 混凝土种类：普通商品混凝土 4. 混凝土强度等级：C15 5. 变形缝填塞材料种类：建筑油膏	m²	108			
10	010507003001	地沟	1. 土壤类别：二类土 2. 沟截面净空尺寸：宽800mm×高800mm 3. 垫层材料种类、厚度：C15 混凝土 10 石（现场搅拌机）100mm 厚 4. 混凝土种类：普通商品混凝土 5. 混凝土强度等级：C25	m	42			

续表

序号	项目编码	项目名称	项目特征描述	计量单位	工程数量	金额（元）		
						综合单价	合价	其中：暂估价
11	010507004001	台阶	1.踏步高、宽：150mm×300mm 2.混凝土种类：普通商品混凝土 3.混凝土强度等级：C15 4.垫层材料种类、厚度：80厚1:3:6石灰砂、碎石三合土	m³	0.91			
12	010507005001	压顶	1.断面尺寸：180mm×100mm+120mm×60mm 2.混凝土种类：普通商品混凝土 3.混凝土强度等级：C25	m³	1.13			
13	010515001001	现浇构件钢筋	钢筋种类、规格：φ25内带肋钢筋	t	211.097			
14	010515001002	现浇构件钢筋	钢筋种类、规格：φ10内箍筋	t	56.953			

注意：根据粤建造发〔2013〕4号文的规定，2013计算规范附录中有两个或两个以上计量单位的，应选择适用于广东省现行计价依据的其中一个计量单位。因此上述"楼梯"等清单有两个以上计量单位的，表中均按广东省定额的计量单位取值。

二、编制现浇混凝土及钢筋项目清单应注意的问题

1.上述"混凝土种类"可描述为清水混凝土、彩色混凝土等，若使用普通预拌（商品）混凝土、泵送预拌（商品）混凝土或现场搅拌混凝土，在项目特征描述时应注明。

2.基础现浇混凝土垫层按本章节的垫层列项。混凝土台阶若有垫层，可组合进台阶的清单项目中，且应增加描述"垫层材料种类、厚度"的项目特征。

【能力测试】

试编制任务 6.1.1、任务 6.1.2 的【能力测试】中已计算的现浇混凝土及钢筋的工程量清单。

项目 6.2　现浇混凝土及钢筋工程量清单计价

【项目描述】

通过本项目的学习，学生能够掌握常用现浇混凝土及钢筋工程清单项目的组价内容；能根据现浇混凝土及钢筋工程量清单的工作内容合理组合相应的定额子目、并计算其定额工程量及其工程量清单综合单价。

任务 6.2.1　现浇混凝土及钢筋工程量清单组价

【任务描述】

通过本工作任务的实施，学生能够掌握现浇混凝土及钢筋工程量清单组价内容及其组价定额工程量计算方法，会计算常用现浇混凝土及钢筋工程的定额工程量。

【任务实施】

一、现浇混凝土工程量清单组价内容

以 2010 年《广东省建筑与装饰工程综合定额》为依据，则常用现浇混凝土及钢筋工程量清单的组价内容见表 6-24：

常用现浇混凝土及钢筋工程量清单组价内容　　　表 6-24

项目编码	项目名称	计量单位	可组合的内容	对应的定额子目名称举例
010501001	垫层	m³	混凝土制作、运输、浇筑、振捣、养护	混凝土垫层、混凝土泵送增加费及其混凝土制作
010501002	带形基础			其他混凝土基础、混凝土泵送增加费及其混凝土制作
010501003	独立基础			
010501004	满堂基础			
010501005	桩承台基础			
010501006	设备基础			
010502001	矩形柱	m³	混凝土制作、运输、浇筑、振捣、养护	矩形柱、混凝土泵送增加费及其混凝土制作
010502002	构造柱			构造柱、混凝土泵送增加费及其混凝土制作
010502003	异形柱			异形柱、混凝土泵送增加费及其混凝土制作

续表

项目编码	项目名称	计量单位	可组合的内容		对应的定额子目名称举例
010503001	基础梁	m³	混凝土制作、运输、浇筑、振捣、养护		基础梁、混凝土泵送增加费及其混凝土制作
010503002	矩形梁				单梁、连续梁、混凝土泵送增加费及其混凝土制作
010503003	异形梁				异形梁、混凝土泵送增加费及其混凝土制作
010503004	圈梁				圈梁、混凝土泵送增加费及其混凝土制作
010503005	过梁				过梁、混凝土泵送增加费及其混凝土制作
010503006	弧形、拱形梁				弧形梁、虹梁、混凝土泵送增加费及其混凝土制作
010504001	直形墙	m³	混凝土制作、运输、浇筑、振捣、养护		直形墙、混凝土泵送增加费及其混凝土制作
010504002	弧形墙				弧形墙、混凝土泵送增加费及其混凝土制作
010504003	短肢剪力墙				矩形柱、异形柱、直形墙、混凝土泵送增加费及其混凝土制作
010504004	挡土墙				直形墙、弧形墙、混凝土泵送增加费及其混凝土制作
010505001	有梁板	m³	混凝土制作、运输、浇筑、振捣、养护		有梁板、混凝土泵送增加费及其混凝土制作
010505002	无梁板				无梁板、混凝土泵送增加费及其混凝土制作
010505003	平板				平板、混凝土泵送增加费及其混凝土制作
010505004	拱板				拱板、混凝土泵送增加费及其混凝土制作
010505005	薄壳板				广东省定额无薄壳板子目
010505006	栏板				栏板、混凝土泵送增加费及其混凝土制作
010505007	天沟（檐沟）、挑檐板				天沟、挑檐、混凝土泵送增加费及其混凝土制作
010505008	雨篷、悬挑板、阳台板				雨篷、阳台、混凝土泵送增加费及其混凝土制作
010505010	其他板				广东省定额无其他板子目
010506001	直形楼梯	m²、m³	混凝土制作、运输、浇筑、振捣、养护		直形楼梯、混凝土泵送增加费及其混凝土制作
010506002	弧形楼梯				弧形楼梯、混凝土泵送增加费及其混凝土制作
010507001	散水、坡道	m²	1	铺设垫层	中砂、三合土垫层等
			2	混凝土制作、运输、浇筑、振捣、养护	散水、坡道、混凝土泵送增加费及其混凝土制作
			3	变形缝填塞	变形缝填缝
010507002	室外地坪	m²	1	铺设垫层	中砂、三合土垫层等
			2	混凝土制作、运输、浇筑、振捣、养护	地坪、混凝土泵送增加费及其混凝土制作
			3	变形缝填塞	变形缝填缝

项目编码	项目名称	计量单位	可组合的内容		对应的定额子目名称举例
010507003	电缆沟、地沟	m²	1	挖填、运土石方	人工挖沟槽、基坑，回填土、运土方等
			2	铺设垫层	混凝土、中砂、三合土垫层等及其混凝土制作
			3	混凝土制作、运输、浇筑、振捣、养护	电缆沟、地沟、混凝土泵送增加费及其混凝土制作
010507004	台阶	m²、m³	1	混凝土制作、运输、浇筑、振捣、养护	台阶、混凝土泵送增加费及其混凝土制作
010507005	扶手、压顶	m、m³	混凝土制作、运输、浇筑、振捣、养护		扶手、压顶、混凝土泵送增加费及其混凝土制作
010507007	其他构件	m³	混凝土制作、运输、浇筑、振捣、养护		小型构件、混凝土泵送增加费及其混凝土制作
010508001	后浇带	m³	混凝土制作、运输、浇筑、振捣、养护		梁后浇带、板后浇带、墙后浇带、混凝土泵送增加费及其混凝土制作
010515001	现浇构件钢筋	t	1. 钢筋制作、运输 2. 钢筋安装 3. 焊接（绑扎）		现浇构件圆钢、螺纹钢、箍筋制作安装 电焊压力焊接
010515009	支撑钢筋（铁马）	t	钢筋制作、焊接、安装		现浇构件圆钢、螺纹钢制作安装
010516003	机械连接	个	1. 钢筋套丝 2. 套筒连接		套筒钢筋接头

注：2013 清单所有现浇混凝土项目工作内容均包括"模板及支架（撑）制作、安装、拆除、堆放、运输及清理模内杂物、刷隔离剂等"，但在实际应用中，模板及支架（撑）工程内容一般计入措施项目。当招标人在措施项目清单中未编列模板清单时，投标人应将其计入相应的混凝土实体项目综合单价。

现浇混凝土若采用泵送混凝土，则还应将泵送增加费计入相应的混凝土清单价内。

二、现浇混凝土定额工程量的计算

1. 现浇混凝土基础

现浇混凝土基础相应清单项目可组合相应的现浇混凝土基础子目及其混凝土制作子目。其定额工程量计算方法同清单工程量计算方法。

【例 6-13】试计算【例 6-1】中独立基础及其垫层清单项目应组合的定额子目工程量。

解：【例 6-1】中独立基础及其垫层清单项目应组合的定额子目列项及工程量计算如下：

（1）独立基础

应组合的定额子目：

其他混凝土基础：$V_1 = 22.64\text{m}^3$

C25 混凝土 20 石（商品混凝土）制作：$V_2 = 22.64 \times 1.01 = 22.87\text{m}^3$

（2）垫层

应组合的定额子目：

混凝土垫层：V_1=6.91m^3

C10 混凝土 10 石（现场搅拌机）制作：V_2=6.91×1.015=7.01m^3

2. 现浇混凝土柱

现浇混凝土柱相应清单项目可组合的定额子目是矩形柱、构造柱和异形柱子目及其混凝土制作子目。其定额工程量计算方法同清单工程量计算方法。

【例 6-14】试计算例 6-2 中构造柱清单项目应组合的定额子目工程量。

解：例 6-2 中构造柱清单项目应组合的定额子目列项及工程量计算如下：

应组合的定额子目：

构造柱：V_1=2.68m^3

C25 混凝土 20 石（商品混凝土）制作：V_2=2.68×1.01=2.71m^3

3. 现浇混凝土梁

现浇混凝土梁相应清单项目可组合的定额子目是基础梁、矩形梁、异形梁、圈梁、过梁和弧形、拱形梁子目及其混凝土制作子目。其定额工程量计算方法同清单工程量计算方法。

【例 6-15】试计算例 6-3 中基础梁清单项目应组合的定额子目工程量？

解：例 6-3 中基础梁清单项目应组合的定额子目列项及工程量计算如下：

应组合的定额子目：

基础梁：V_1=5.69m^3

C25 混凝土 20 石（商品混凝土）制作：V_2=5.69×1.01=5.75m^3

4. 现浇混凝土墙

现浇混凝土墙相应清单项目可组合的定额子目是直形墙、弧形墙、电梯井墙子目及其混凝土制作子目。其定额工程量计算方法同清单工程量计算方法。

定额列项时，由于广东省定额无短肢剪力墙子目，对于 L、T 形混凝土墙，按照图 6-26 所示划分为异形柱或直形墙子目。对于一字形混凝土墙，也应按照图示的划分界线分为矩形柱或直形墙子目。图中，L 形混凝土墙如果两个方向分别划分为异形柱和直形墙子目，则其转角处并入异形柱中计算。

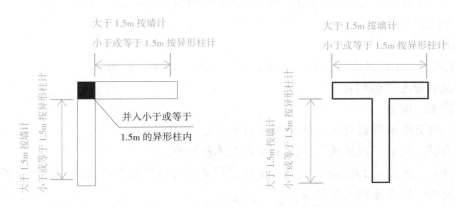

图 6-26　剪力墙与异形柱划分界线

【例 6-16】试计算例 6-4 中剪力墙柱清单项目应组合的定额子目工程量。

解：

例 6-4 中剪力墙柱清单项目应组合的定额子目列项及工程量计算如下：

（1）异形柱

应组合的定额子目：

异形柱：V_1=3.99m³

C30 混凝土 20 石（商品混凝土）制作：V_2=3.99×1.01=4.03m³

（2）短肢剪力墙

应组合的定额子目：

矩形柱、异形柱：V_1=28.50m³

C30 混凝土 20 石（商品混凝土）制作：V_2=28.5×1.01=28.79m³

5. 现浇混凝土板

现浇混凝土板相应清单项目可组合的定额子目是有梁板、无梁板、平板、拱板、栏板、天沟、挑檐板、雨篷、悬挑板、阳台板等子目及其混凝土制作子目。其定额工程量计算方法同清单工程量计算方法。

【例 6-17】试计算例 6-5 中有梁板清单项目应组合的定额子目工程量。

解：例 6-5 中有梁板清单项目应组合的定额子目列项及工程量计算如下：

应组合的定额子目：

有梁板：V_1=10.69m³

C30 混凝土 20 石（商品混凝土）制作：V_2=10.69×1.01=10.80m³

6. 现浇混凝土楼梯

现浇混凝土楼梯相应清单项目可组合的定额子目是直形楼梯、弧形楼梯螺旋形或艺术楼梯子目及其混凝土制作子目。其定额工程量计算方法同清单工程量之按体积计算方法相同。

【例 6-18】试计算例 6-6 中直形楼梯清单项目应组合的定额子目工程量。

解：

例 6-6 中直形楼梯清单项目应组合的定额子目列项及工程量计算如下：

应组合的定额子目：

直形楼梯：V_1=1.83m³

C30 混凝土 20 石（商品混凝土）制作：V_2=1.83×1.01=1.85m³

7. 现浇混凝土其他构件

（1）散水、坡道

散水、坡道清单项目可组合的定额子目如下：

◆ 垫层。定额工程量按设计图示尺寸以体积计算。

◆ 散水、坡道及其混凝土制作。定额工程量按设计图示尺寸以体积计算。其混凝土制作按散水、坡道定额含量计算。

◆ 变形缝填缝。定额工程量按设计图示尺寸以长度计算。

【例 6-19】试计算例 6-7 中散水清单项目应组合的定额子目工程量。

解：

例 6-7 中散水清单项目应组合的定额子目列项及工程量计算如下：

（1）砂垫层

$V_1 = 120 × [(0.9 - 0.07) × 0.06 + 0.06 × 0.07] = 120 × 0.054 = 6.48m^3$

（2）散水

$V = 截面积 S × 散水长度 L$

$S = 0.9 × 0.08 + 1/2 × (0.07 + 0.14) × (0.18 - 0.08) = 0.0825m^2$

$L = 120m$

$V_2 = 120 × 0.0825 = 9.90m^3$

C15 混凝土 20 石（商品混凝土）制作：$V_3 = 9.90 × 1.01 = 10.00m^3$

（3）变形缝填缝（建筑油膏填缝）

$L = 120m$

（2）电缆沟、地沟

电缆沟、地沟清单项目可组合的定额子目如下：

◆ 挖填、运土石方。定额工程量按土石方工程中挖填、运土石方相关规定，以体积计算。

◆ 垫层。定额工程量按设计图示尺寸以体积计算。

◆ 电缆沟、地沟及其混凝土制作。定额工程量按设计图示尺寸以体积计算。其混凝土制作按电缆沟、地沟定额含量计算。

【例 6-20】已知例 6-8 中地沟采用人工挖填，人工装汽车运卸土方 20 公里，试计算地沟清单项目应组合的定额子目工程量。

解：

例 6-8 中地沟清单项目应组合的定额子目列项及工程量计算如下：

（1）人工挖沟槽土方（二类土深 2m 内）

该建筑场地土质为二类土，放坡起点深度为 1.2m，挖土深度 =0.5+0.08+0.8+0.2+0.1=1.68m > 1.2m，故应考虑放坡，放坡系数 k=0.5；则：

沟底宽 $b = (0.3+0.1+0.2) × 2+0.8=2.0m$

沟长 $L=42m$

$V_1 = 42 × [2+0.5 × 1.68] × 1.68 = 200.39m^3$

（2）基础回填土（人工夯填土）

基础回填土体积按定额挖方体积减去设计室外地坪以下埋设的基础体积（包括基础垫层及其他构筑物）计算。则：

挖沟槽土方体积：$V_1 = 200.39m^3$

外地坪以下基础体积：$V_2 = 1.4 × 0.1 × 42+1.2 × 1 × 42+1 × 0.08 × 42=59.64m^3$

基础回填土体积：

$V_3 = 200.39 - 59.64 = 140.75m^3$

（3）人工装汽车运卸土方 20km

$V_4=V_2=59.64m^3$

（4）混凝土垫层

$V_5=1.4 \times 0.1 \times 42=5.88m^3$

C15 混凝土 10 石（现场搅拌机）制作：$V_6=5.88 \times 1.015=5.97m^3$

（5）地沟

$V_7=（1.2 \times 0.2+0.2 \times 0.8 \times 2）\times 42=23.52m^3$

C25 混凝土 20 石（商品混凝土）制作：$V_8=23.52 \times 1.01=23.76m^3$

（3）台阶

台阶清单项目可组合的定额子目为台阶及其混凝土制作。定额工程量按设计图示尺寸以体积计算。其混凝土制作按台阶定额含量计算。

【例 6-21】试计算例 6-9 中台阶清单项目应组合的定额子目工程量。

解：例 6-9 中台阶清单项目应组合的定额子目列项及工程量计算如下：

台阶：$V_2=0.91m^3$

C15 混凝土 20 石（商品混凝土）制作：$V_8=0.91 \times 1.015=0.92m^3$

（4）扶手、压顶

扶手、压顶清单项目可组合扶手、压顶定额子目，定额工程量按设计图示尺寸以体积计算。

【例 6-22】试计算例 6-10 混凝土压顶清单项目应组合的定额子目工程量。

解：例 6-10 压顶清单项目应组合的定额子目列项及工程量计算如下：

应组合的定额子目：

压顶：$V_1=1.13m^3$

C25 混凝土 20 石（商品混凝土）制作：$V_2=1.13 \times 1.01=1.14m^3$

（5）其他构件

其他构件清单项目可组合小型构件定额子目，定额工程量按设计图示尺寸以体积计算。

8. 后浇带

后浇带相应清单项目可组合梁、板及墙的后浇带子目及其混凝土制作子目。其定额工程量计算方法同清单工程量之按体积计算方法相同。

9. 现浇构件钢筋、支撑钢筋（铁马）、机械连接

现浇构件钢筋相应清单项目可组合现浇构件钢筋制作安装、电焊压力焊接子目。因非设计绑扎搭接增加的工程量按广东省定额也不另计算，定额已考虑其用量。如若钢筋为机械连接，则其接头按"机械连接"另列清单项计算。

以上项目的定额工程量计算方法与清单工程量计算方法相同。

【例 6-23】试计算例 6-11 中现浇构件钢筋清单项目应组合的定额子目工程量。

解：梁纵筋连接方式为绑扎搭接，其定尺长度引起的搭接长度不另计算，即现浇构件钢筋清单工程量与定额工程量相同。

例 6-11 现浇构件钢筋清单项目应组合的定额子目列项及工程量计算如下：

（1）现浇构件钢筋（Φ25 内带肋钢筋）

应组合的定额子目：

现浇构件钢筋 HRB335 直径 25 内带肋钢筋制安：M=211.097t

（2）现浇构件钢筋（φ10 内箍筋）

应组合的定额子目：

现浇构件钢筋 φ10 内箍筋制作安装：M=56.953t

【能力测试】

根据任务 6.1.1【能力测试】和任务 6.1.2【能力测试】中的已知条件和已计算的清单工程量结果，对任务 6.2.1【能力测试】中的清单列出组价定额项目，并计算其定额的工程量。

任务 6.2.2　现浇混凝土及钢筋工程量清单综合单价计算

【任务描述】

通过本工作任务的实施，学生能够掌握现浇混凝土及钢筋工程量清单综合单价的计算方法，会计算常用现浇混凝土及钢筋工程的清单综合单价。

【任务实施】

现浇混凝土工程量清单综合单价的计算是以《房屋建筑与装饰工程工程量计算规范》GB 50854-2013、《建设工程工程量清单计价规范》GB 50500-2013 及 2010年《广东省建筑与装饰工程综合定额》为依据，并根据工程实际情况确定具体的工程量清单项目组价内容，利用综合单价分析表，将组成现浇混凝土清单项目的费用汇总计算，并最后得出现浇混凝土工程量清单项目的综合单价。费用的计算以定额消耗量为依据，人工、材料、机械单价按指定计价时期的价格调整，并按项目实际情况计算利润。

【例 6-24】以 [例 6-1] ～ [例 6-23] 中计算的现浇混凝土构件及钢筋的清单及定额工程量计算结果为依据，计算现浇混凝土及钢筋工程量清单综合单价并汇总分部分项工程量清单计价表。已知该工程人工按 94 元/工日计算，利润按人工费的 18% 计算，其余费用按 2010 年版广东省建筑与装饰工程综合定额的规定计算。

解：

计算过程如下：

（1）【例 6-1】～【例 6-23】中计算的现浇混凝土及钢筋清单及定额工程量计算结果汇总于表 6-25。

现浇混凝土及钢筋清单及定额工程量计算结果   表 6–25

序号	清单项目			定额项目		
	项目名称	计量单位	工程量	项目名称	计量单位	工程量
1	独立基础	m³	22.64	①其他混凝土基础	m³	22.64
				C25 混凝土 20 石（商品混凝土）制作	m³	22.87
2	垫层	m³	6.91	①混凝土垫层	m³	6.91
				C10 混凝土 10 石（现场搅拌机）制作	m³	7.01
3	构造柱	m³	2.68	①构造柱	m³	2.68
				C25 混凝土 20 石（商品混凝土）制作	m³	2.71
4	基础梁	m³	5.69	①基础梁	m³	5.69
				C25 混凝土 20 石（商品混凝土）制作	m³	5.75
5	异形柱	m³	3.99	①异形柱	m³	3.99
				C30 混凝土 20 石（商品混凝土）制作	m³	4.03
6	短肢剪力墙	m³	28.50	①矩形柱、异形柱	m³	28.50
				C30 混凝土 20 石（商品混凝土）制作	m³	28.79
7	有梁板	m³	10.68	①有梁板	m³	10.69
				C30 混凝土 20 石（商品混凝土）制作	m³	10.80
8	直形楼梯	m³	1.83	①直形楼梯	m³	1.83
				C30 混凝土 20 石（商品混凝土）制作	m³	1.85
9	散水	m²	108	①砂垫层	m³	6.48
				②散水	m³	9.90
				C15 混凝土 20 石（商品混凝土）制作	m³	10
				③变形缝填缝（建筑油膏填缝）	m	120
10	地沟	m	42	①人工挖沟槽土方（二类土深 2m 内）	m³	200.39
				②基础回填土（人工夯填土）	m³	140.75
				③人工装汽车运卸土方 20km	m³	59.64
				④混凝土垫层	m³	5.88
				C15 混凝土 10 石（现场搅拌机）制作	m³	5.97
				⑤地沟	m³	23.52
				C25 混凝土 20 石（商品混凝土）制作	m³	23.76
11	台阶	m³	0.91	①台阶	m³	0.91
				C15 混凝土 20 石（商品混凝土）制作	m³	0.92

续表

序号	清单项目			定额项目		
	项目名称	计量单位	工程量	项目名称	计量单位	工程量
12	压顶	m³	1.13	①压顶	m³	1.13
				C25 混凝土 20 石（商品混凝土）制作	m³	1.14
13	现浇构件钢筋（Φ25 内带肋钢筋）	t	211.097	①现浇构件钢筋 Φ 25 内带肋钢筋制安	t	211.097
14	现浇构件钢筋（Φ10 内箍筋）	t	56.953	①现浇构件钢筋 Φ10 内箍筋制安	t	56.953

（2）以独立基础综合单价计算为例，其清单综合单价计算过程见表 6–26。

工程量清单综合单价分析表　　　　　　　表 6–26

工程名称：××工程　　　　　　　　　　　　　　　　　　　　　　第 页 共 页

项目编码		010401002001	项目名称	独立基础	计量单位	m³	工程量	22.64

				清单综合单价组成明细						

定额编号	定额项目名称	定额单位	数量	单价				合价			
				人工费	材料费	机械费	管理费和利润	人工费	材料费	机械费	管理费和利润
A4-2	其他混凝土基础	10m³	2.264	816.86	12.29	110.58	306.21	1849.37	27.82	250.35	693.26
8021 904	普通商品混凝土碎石粒径 20 石 C25	m³	22.87		250.00				5717.50		
人工单价			小计					1849.37	5745.32	250.35	693.26
94.00 元 / 工日			未计价材料费					0.00			
清单项目综合单价								377.13			

（3）其他现浇混凝土工程量清单综合单价的计算过程略，计算的最后报价见表 6–27。

分部分项工程量清单与计价　　　　　　　表 6-27

序号	项目编码	项目名称	项目特征描述	计量单位	工程数量	金额（元）		
						综合单价	合价	其中：暂估价
1	010501003001	独立基础	1. 混凝土种类：普通商品混凝土 2. 混凝土强度等级：C25	m³	22.64	377.13	8538.22	
2	010501001001	垫层	1. 混凝土种类：现场搅拌混凝土（搅拌机）10 石 2. 混凝土强度等级：C10	m³	6.91	362.93	2507.85	
3	010502002001	构造柱	1. 混凝土种类：普通商品混凝土 2. 混凝土强度等级：C25	m³	2.68	468.21	1254.80	
4	010503001001	基础梁	1. 混凝土种类：普通商品混凝土 2. 混凝土强度等级：C25	m³	5.69	351.59	2000.55	
5	010502003001	异形柱	1. 柱形状：L 形 2. 混凝土种类：普通商品混凝土 3. 混凝土强度等级：C30	m³	3.99	482.36	1924.62	
6	010504003001	短肢剪力墙	1. 混凝土种类：普通商品混凝土 2. 混凝土强度等级：C30	m³	28.50	482.36	13747.26	
7	010505001001	有梁板	1. 混凝土种类：普通商品混凝土 2. 混凝土强度等级：C30	m³	10.69	437.98	4682.01	
8	010506001001	直形楼梯	1. 混凝土种类：普通商品混凝土 2. 混凝土强度等级：C30	m³	1.83	502.88	920.27	
9	010507001001	散水	1. 垫层材料种类、厚度：60mm 厚中砂 2. 面层厚度：80mm 3. 混凝土种类：普通商品混凝土 4. 混凝土强度等级：C15 5. 变形缝填塞材料种类：建筑油膏	m²	108	33.97	3668.76	
10	010507003001	地沟	1. 土壤类别：二类土 2. 沟截面净空尺寸：宽800mm× 高 800mm 3. 垫层材料种类、厚度：C15 混凝土 10 石（现场搅拌）100mm 厚 4. 混凝土种类：普通商品混凝土 5. 混凝土强度等级：C25	m	42	585.63	24596.46	

续表

序号	项目编码	项目名称	项目特征描述	计量单位	工程数量	金额（元）		
						综合单价	合价	其中：暂估价
11	010507004001	台阶	1. 踏步高、宽：150mm×300mm 2. 混凝土种类：普通商品混凝土 3. 混凝土强度等级：C15 4. 垫层材料种类、厚度：80厚1∶3∶6石灰砂、碎石三合土	m³	0.91	421.52	383.58	
12	010507005001	压顶	1. 断面尺寸：120mm×100mm 2. 混凝土种类：普通商品混凝土 3. 混凝土强度等级：C25	m³	1.13	468.44	529.34	
13	010515001001	现浇构件钢筋	钢筋种类、规格：Φ25内带肋钢筋	t	211.097	4742.59	1001146.52	
14	010515001002	现浇构件钢筋	钢筋种类、规格：φ10内箍筋	t	56.953	5411.21	308184.64	
			小计				1374084.88	

【能力测试】

以本项目前述任务 6.1.1【能力测试】～任务 6.2.1【能力测试】的结果为依据，试计算任务 6.2.1 能力测试中的现浇混凝土及钢筋的工程量清单项目的综合单价，并汇总其分部分项工程量清单与计价表。已知该工程人工、主材按当地价格文件计算，利润及其余费用按当地定额的规定计算。

模块 7
屋面防水及保温隔热工程计量与计价

【模块概述】

> 通过本模块的学习，学生能够了解常用屋面防水及保温隔热工程清单项目的设置；掌握屋面防水及保温隔热工程量清单编制方法及其清单项目的组价内容；会计算常用屋面防水及保温隔热的清单工程量、编制工程量清单，并能根据屋面防水及保温隔热工程量清单的工作内容合理组合相应的定额子目、计算其定额工程量及其工程量清单综合单价。

项目 7.1   屋面防水及保温隔热工程量清单编制

【项目描述】

> 通过本项目的学习，学生能够了解常用屋面防水及保温隔热工程清单项目的设置；掌握屋面防水及保温隔热工程量清单编制方法；学会计算常用屋面防水及保温隔热工程的清单工程量、编制其工程量清单。

【学习支持】

《房屋建筑与装饰工程工程量计算规范》GB 50854-2013 中，屋面防水工程清单包括瓦、型材及其他屋面、屋面防水及其他、墙面防水及防潮、楼（地）面防水及防潮共四节二十一个项目；保温隔热工程清单包括保温及隔热、防腐面层、其他防腐共三节十六个项目。常用的建筑物屋面防水及保温隔热工程量清单项目见表 7-1 ~ 表 7-5。

J.1　瓦、型材及其他屋面（编码：010901）　　　表 7-1

项目编码	项目名称	项目特征	计量单位	工程量计算规则	工程内容
010901001	瓦屋面	1. 瓦品种、规格 2. 粘结层砂浆的配合比	m²	按设计图示尺寸以斜面积计算；不扣除房上烟囱、风帽底座、风道、小气窗、斜沟等所占面积。小气窗的出檐部分不增加面积	1. 砂浆制作、运输、摊铺、养护 2. 安瓦、作瓦脊
010901002	型材屋面	1. 型材品种、规格 2. 金属檩条材料品种、规格 3. 接缝、嵌缝材料种类			1. 檩条制作、运输、安装 2. 屋面型材安装 3. 接缝、嵌缝

注：①瓦屋面，若是在木基层上铺瓦，项目特征不必描述粘结层砂浆的配合比，瓦屋面铺防水层，按 J.2 屋面防水及其他中相关项目编码列项。②型材屋面、阳光板屋面、玻璃钢屋面的柱、梁、屋架，按本规范附录 F 金属结构工程、附录 G 木结构工程中相关项目编码列项。

J.2　屋面防水及其他（编码：010902）　　　表 7-2

项目编码	项目名称	项目特征	计量单位	工程量计算规则	工程内容
010902001	屋面卷材防水	1. 卷材品种、规格、厚度 2. 防水层数 3. 防水层做法	m²	按设计图示尺寸以面积计算 1. 斜屋顶（不包括平屋顶找坡）按斜面积计算，平屋顶按水平投影面积计算 2. 不扣除房上烟囱、风帽底座、风道、屋面小气窗和斜沟所占面积 3. 屋面的女儿墙、伸缩缝和天窗等处的弯起部分，并入屋面工程量内	1. 基层处理 2. 刷底油 3. 铺油毡卷材、接缝
010902002	屋面涂膜防水	1. 防水膜品种 2. 涂膜厚度、遍数 3. 增强材料种类			1. 基层处理 2. 刷基层处理剂 3. 铺布、喷涂防水层
010902003	屋面刚性层	1. 刚性层厚度 2. 混凝土种类 3. 混凝土强度等级 4. 嵌缝材料种类 5. 钢筋规格、型号	m²	按设计图示尺寸以面积计算。不扣除房上烟囱、风帽底座、风道等所占面积	1. 基层处理 2. 混凝土制作、运输、铺筑、养护 3. 钢筋制作安装
……					
010902007	屋面天沟、檐沟	1. 材料品种、规格 2. 接缝、嵌缝材料种类	m²	按设计图示尺寸以展开面积计算	1. 天沟材料铺设 2. 天沟配件安装 3. 接缝、嵌缝 4. 刷漆
010902008	屋面变形缝	1. 嵌缝材料种类 2. 止水带材料种类 3. 盖缝材料 4. 防腐材料种类	m	按设计图示以长度计算	1. 清缝 2. 填塞防水材料 3. 止水带安装 4. 盖缝制作、安装 5. 刷防护材料

注：①屋面刚性层无钢筋，其钢筋项目特征不必描述。②屋面找平层按本规范附录 L 楼地面装饰工程"平面砂浆找平层"项目编码列项。③屋面防水搭接及附加层用量不另行计算，在综合单价中考虑。④屋面找坡层按规范附录 K"保温隔热屋面"项目编码列项。

J.3 墙面防水、防潮（编码：010903） 表 7-3

项目编码	项目名称	项目特征	计量单位	工程量计算规则	工作内容
010903001	墙面卷材防水	1. 卷材品种、规格、厚度 2. 防水层数 3. 防水层做法	m²	按设计图尺寸以面积计算	1. 基层处理 2. 刷粘结剂 3. 铺防水卷材 4. 接缝、嵌缝
010903002	墙面涂膜防水	1. 防水膜品种 2. 涂膜厚度、遍数 3. 增强材料种类			1. 基层处理 2. 刷基层处理剂 3. 铺布、喷涂防水层
010903003	墙面砂浆防水（防潮）	1. 防水层做法 2. 砂浆厚度、配合比 3. 钢丝网规格			1. 基层处理 2. 挂钢丝网片 3. 设置分格缝 4. 砂浆制作、运输、摊铺、养护
010903004	墙面变形缝	1. 种类 2. 水带材料种类 3. 材料 4. 护材料种类	m	按设计图示以长度计算	1. 清缝 2. 填塞防水材料 3. 止水带安装 4. 盖缝制作、安装 5. 刷防护材料

注：①墙面防水搭接及附加层用量不另计算，在综合单价中考虑。②墙面变形缝，若做双面，工程量乘系数 2。③墙面找平层按本规范附录 M 墙、柱面装饰与隔断工程"立面砂浆找平层"项目编码列项

J.4 楼（地）面防水、防潮（编码：010904） 表 7-4

项目编码	项目名称	项目特征	计量单位	工程量计算规则	工作内容
10904001	楼（地）面卷材防水	1. 卷材品种、规格、厚度 2. 防水层数 3. 防水层做法 4. 反边高度	m²	按设计图示尺寸以面积计算楼（地）面防水：按主墙间净空面积计算，扣除凸出地面的构筑物、设备基础等	1. 基层处理 2. 刷粘结剂 3. 铺防水卷材 4. 接缝、嵌缝
10904002	楼（地）面涂膜防水	1. 防水膜品种 2. 涂膜厚度、遍数 3. 增强材料种类 4. 反边高度		所占面积，不扣除间壁墙及单个面积 ≤ 0.3m² 柱、垛、烟囱和孔洞所占面积楼（地）面防水反边高度 ≤ 300mm 算作地面防水，反边高度 > 300mm 按墙面防水计算	1. 基层处理 2. 刷基层处理剂 3. 铺布、喷涂防水层
010904003	楼（地）面砂浆防水（防潮）	1. 防水层做法 2. 砂浆厚度、配合比 3. 反边高度			1. 基层处理 2. 砂浆制作、运输、摊铺、养护
10904004	楼（地）面变形缝	1. 嵌缝材料种类 2. 止水带材料种类 3. 缝材料 4. 材料种类	m	按设计图示以长度计算	1. 清缝 2. 填塞防水材料 3. 止水带安装 4. 盖缝制作、安装 5. 刷防护材料

注：①楼（地）面防水找平层按本规范附录 L 楼地面装饰工程"平面砂浆找平层"项目编码列项。
　　②楼（地）面防水搭接及附加层用量不另行计算，在综合单价中考虑。

K.1　保温、隔热（编码：011001）　　　　表 7-5

项目编码	项目名称	项目特征	计量单位	工程量计算规则	工作内容
010904001	保温隔热屋面	1. 隔热材料品种、规格、厚度 2. 层材料品种、厚度 3. 结材料种类、做法 4. 护材料种类、做法	m²	按设计图示尺寸以面积计算。扣除面积＞0.3m² 孔洞及占位面积	1. 基层清理 2. 刷粘结材料 3. 铺粘结保温层铺、刷（喷）防护材料
010904002	保温隔热天棚	1. 温隔热面层材料品种、规格、性能 2. 温隔热材料品种、规格及厚度 3. 结材料种类及做法 4. 护材料种类及做法	m²	按设计图示尺寸以面积计算。扣除面积＞0.3m² 上柱、垛、孔洞所占面积，与天棚相连的梁按展开面积，计算并入天棚工程量内	
010904003	保温隔热墙面	1. 隔热部位 2. 温隔热方式 3. 线、勒脚线保温做法 4. 材料品种、规格 5. 隔热面层材料品种、规格、性能 6. 隔热材料品种、规格及厚度 7. 网及抗裂防水砂浆种类 8. 结材料种类及做法 9. 材料种类及做法	m²	按设计图示尺寸以面积计算。扣除门窗洞口以及面积＞0.3m² 梁、孔洞所占面积；门窗洞口侧壁以及与墙相连的柱，并入保温墙体工程量内	1. 清理 2. 面剂 3. 装龙骨 4. 保温材料 5. 板安装 6. 面层 7. 增强格网、抹抗裂、防水砂浆面层嵌缝 8. 刷（喷）防护材料

注：①保温隔热装饰面层，按本规范附录、L、M、N、P、Q 中相关项目编码列项；仅做找平层按本规范附录 K 中"平面砂浆找平层"或附录 L"立面砂浆找平层"项目编码列项。

一、屋面构造

1. 坡屋面

（1）坡屋面　是指坡度大于等于 10°且小于 75°的建筑屋面。

（2）坡屋面做法　一般是将瓦铺在坡屋面上，屋面瓦的种类很多，工程中常见的有：琉璃瓦、黏土平瓦、小青瓦等（见图 7-1）。

图 7-1　某瓦屋面别墅

2. 平屋面

平屋面是指坡度小于 10°的建筑屋面。平屋面做法主要分为上人屋面与不上人屋面两大类。

3. 屋面基本构造层次

屋面构造各地区一般都有标准图集，设计通常都是采用标准构造做法。屋面构造层次内容一般包含以下基本层次（瓦屋面构造见图 7-2，不上人平屋面构造见图 7-3，上人屋面构造见图 7-4）。

（1）找平层：是在结构板上或保温层、防水层下抹上一层砂浆，使其填补孔眼和抹平粗糙表面，使保温层、防水层能牢固地和基层结合。

（2）保温隔热层：一般在屋面防水层下面铺设一层松散的或具有隔热效果的材料，在冬季可以减少室内温度向屋顶散发，在夏季，可以防止太阳的热量辐射到室内，起到保温隔热的作用。

（3）防水层：是防止雨水浸渗到室内的一个层次，是屋面的主要层次，它包括结合层、卷材及保护层。

（4）保护层：在防水层或保温层的外面设置，对防水层或保温层起到一定的保护作用。如平屋面中的绿豆砂保护层、水泥砂浆保护层，上人屋面的缸砖面层等。

4. 屋面按防水形式

根据防水形式的不同分为：卷材防水屋面，刚性防水屋面，涂膜防水屋面。

5. 泛水

在屋面中，凡突出屋面的结构物，如女儿墙、伸缩缝、高低屋面、烟囱、管道以及检查孔等，与屋面相交处都必须做泛水，以防渗漏。泛水做法，各地区一般都有相应标准图集，泛水高度一般为 250 ~ 300mm 左右（女儿墙泛水构造见图 7-5）。

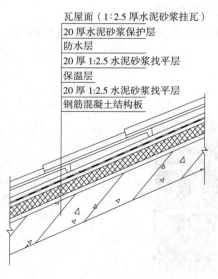

图 7-2 某工程坡屋面构造

图 7-3 某工程不上人屋面构造

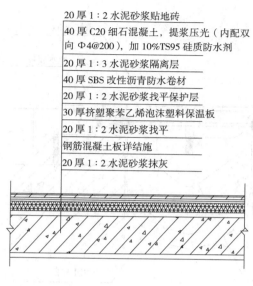

图 7-4　某工程上人屋面构造

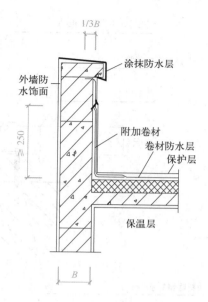

图 7-5　某工程女儿墙泛水

二、变形缝、墙体保温构造

1. 变形缝

根据用途可分为伸缩缝、沉降缝、抗震缝；根据部位可分为屋面变形缝、楼面变形缝、墙面变形缝（屋面变形缝见图 7-6、楼面变形缝见图 7-7、墙面变形缝见图 7-8）。

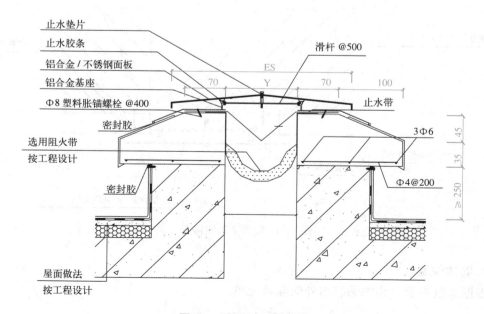

图 7-6　屋面变形缝构造

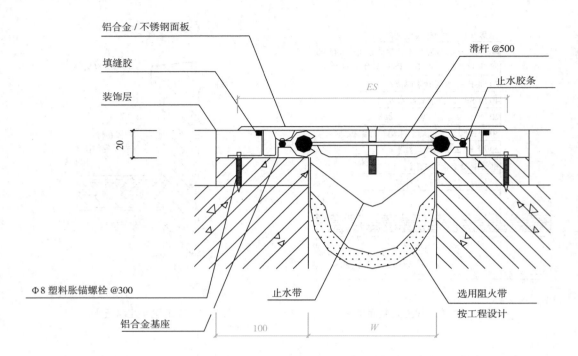

铝合金/不锈钢面板

滑杆 @500

填缝胶

止水胶条

装饰层

ES

20

Φ8 塑料胀锚螺栓 @300

止水带

选用阻火带
按工程设计

铝合金基座

100   W

图 7-7　楼面变形缝构造

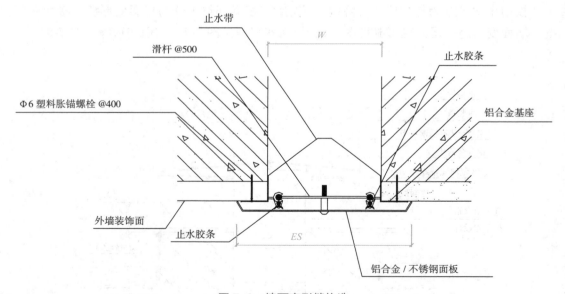

止水带

W

滑杆 @500

止水胶条

Φ6 塑料胀锚螺栓 @400

铝合金基座

外墙装饰面

止水胶条

ES

铝合金/不锈钢面板

图 7-8　墙面变形缝构造

2. 墙体保温

根据部位主要分为内保温与外保温两大类。

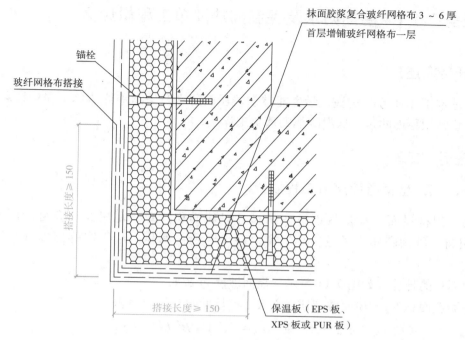

图 7-9　某工程墙体外保温构造

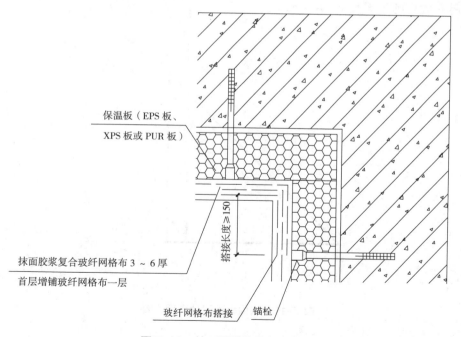

图 7-10　某工程墙体外保温构造

任务 7.1.1   屋面防水及保温隔热清单工程量计算

【任务描述】

通过本工作任务的实施，学生能够掌握屋面防水及保温隔热清单工程量计算方法，学会计算常用屋面防水及保温隔热的清单工程量。

【任务实施】

一、瓦、型材屋面清单工程量

瓦、型材屋面工程量按设计图示尺寸以斜面积计算。瓦屋面及型材屋面不扣除房上烟囱、风帽底座、风道、小气窗、斜沟等所占面积，小气窗的出檐部分不增加面积。

斜面积的计算（如图 7-11 所示，屋面坡度为 B/A）：

屋面斜面积 $S_{斜}$ = 屋面坡度延尺系数 c × 屋面水平投影面积 $S_{水平}$

$S_{斜}/S_{水平}$ = C/A = $\sqrt{A+B^2}/A$，则：$S_{斜}$ = $(\sqrt{A+B^2}/A) \times S_{水平}$

或 $S_{斜}/S_{水平}$ = $1/\cos a$，则：$S_{斜}$ = $(1/\cos a) \times S_{水平}$

屋面坡度延尺系数 c = $\sqrt{A+B^2}/A$

或屋面坡度延尺系数 $c=1/\cos a$

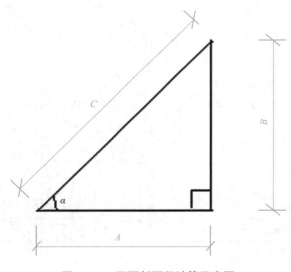

图 7-11   层面斜面积计算示意图

【例 7-1】如图 7-12，某四坡等坡屋面，混凝土屋面上 1∶1 水泥砂浆随打随光 5mm，铺黏土平瓦，设计规定屋面坡度为 B/A=1/1.5。试计算瓦屋面的清单工程量。

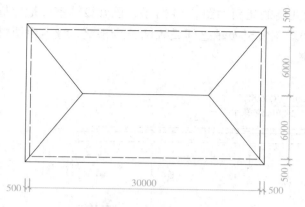

图 7-12　某四坡排水屋面平面图

解： 瓦屋面工程量

屋面坡度为 $B/A=1/1.5$，屋面坡度延尺系数 $c = \sqrt{1.5^2 + 1^2}/1.5 = 1.2019$

$S=（30+0.5 \times 2）\times（12+0.5 \times 2）\times 1.2019=484.35（m^2）$

二、屋面防水及其他

1. 屋面防水包括卷材防水屋面、涂膜防水屋面、刚性防水屋面

屋面防水工程量按设计图示尺寸以面积计算。

其中卷材防水、涂膜防水屋面的斜屋顶（不包括平屋顶找坡）按斜面积计算，平屋顶按水平投影面积计算，不扣除房上烟囱、风帽底座、风道、屋面小气窗和斜沟所占的面积，屋面的女儿墙、伸缩缝和天窗等处的弯起部分，并入屋面工程量内。刚性防水屋面不扣除房上烟囱、风帽底座、风道等所占面积。

2. 其他

屋面天沟、檐沟工程量按设计图示尺寸以展开面积计算。屋面变形缝工程量按设计图示尺寸以长度计算（某工程屋面檐沟见图 7-13）。

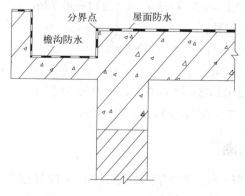

图 7-13　某工程屋面檐沟

【例 7-2】带女儿墙的屋面如图 7-14 所示，已知设计室外地坪标高 -0.450，设计室内地坪标高 ±0.000。在①至⑥轴之间设置两条分格缝，缝内用塑料油膏嵌缝。试计算屋面防水清单工程量。

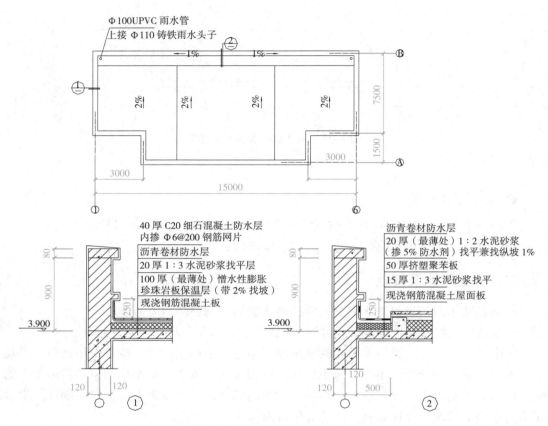

图 7-14 屋面防水平面及节点大样图

解：清单工程量

（1）40 厚 C20 细石混凝土刚性防水工程量：

$S=（15-0.24）×（6-0.24-0.5）+1.5×（9-0.24）=90.78m^2$

（2）沥青卷材防水工程量：

$S=90.78+（14.76+6.76×2）×0.25=97.85m^2$

（3）沿沟沥青卷材工程量：

$S=14.76×（0.25+0.12-0.065+0.5）+0.5×2×0.25=12.13m^2$

（4）屋面分格缝 $L=（7.5-0.24-0.5）×2=13.52m$

三、墙面防水、防潮

墙面卷材防水、涂膜防水、砂浆防水（防潮）工程量按设计图示尺寸以面积计算。墙面变形缝按设计图示尺寸以长度计算。

四、楼（地）面防水、防潮

楼（地）面卷材防水（见图 7-15）、涂膜防水（见图 7-16）、砂浆防水（防潮）工程量按设计图示尺寸以面积计算。楼（地）面防水按主墙间净空面积计算，扣除凸出地面的构筑物、设备基础等所占面积，不扣除间壁墙及单个面积 ≤ 0.3m² 柱、垛、烟囱和孔洞所占面积，楼（地）面防水反边高度 ≤ 300mm 算作地面防水，反边高度 > 300mm 按墙面防水计算。楼（地）面变形缝按设计图示以长度计算，见图 7-7。

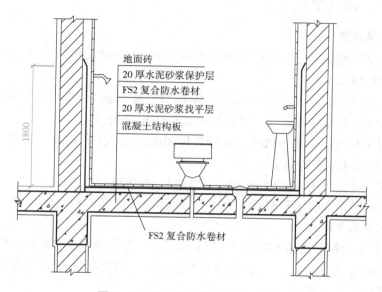

图 7-15　某卫生间卷材防水示意图

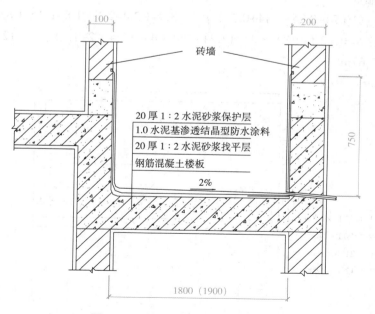

图 7-16　某卫生间涂料防水大样图

【例 7-3】 某卫生间平面净空几何尺寸为 1900mm×1800mm，地面、墙面采用 1.0 水泥基渗透结晶型防水涂料，墙面防水高度为 750，剖面图 7-16，计算卫生间地面涂膜防水的清单工程量。

解： 清单工程量：

地面水泥基涂膜防水：$S=1.9 \times 1.8 = 3.42 m^2$

墙面水泥基涂膜防水：$S=(1.9+1.8) \times 2 \times 0.75 = 5.55 m^2$

五、保温、隔热工程

1. 保温隔热屋面

工程量按设计图示尺寸以面积计算。扣除面积 > 0.3m² 孔洞及占位面积。

2. 保温隔热墙面

按设计图示尺寸以面积计算。扣除门窗洞口以及面积 > 0.3m² 梁、孔洞所占面积；门窗洞口侧壁以及与墙相连的柱，并入保温墙体工程量内。

【例 7-4】 根据图 7-7 屋面做法，试计算屋面保温隔热工程清单工程量。

解： （1）屋面保温工程量：

$S=(15-0.24) \times (6-0.24-0.5)+1.5 \times (9-0.24)=90.78 m^2$

（2）沿沟挤塑聚苯板工程量：

$S=14.76 \times 0.5 = 7.38 m^2$

【例 7-5】 某工程平立面图如图 7-17 所示，该工程外墙面保温做法：基层表面清理；刷界面砂浆 5mm；刷 30mm 厚胶粉聚苯颗粒保温层；门窗边做保温宽度为 120mm。试计算外墙保温层清单工程量。

解： 保温墙面

墙面：$S_1=(10.74+0.24+7.44+0.24) \times 2 \times 3.9-1.2.4-2.1 \times 1.8-1.2 \times 1.8 \times 2 = 134.57 m^2$

门窗侧边：$S_2=[(2.1+1.8) \times 2+(1.2+1.8) \times 4+(2.4 \times 2+1.2)] \times 0.12 = 3.10 m^2$

合计：$137.67 m^2$

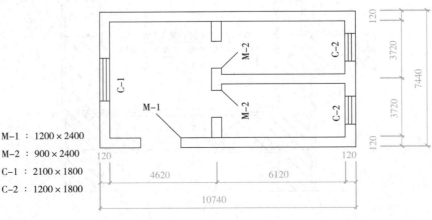

说明：M-1：1200×2400

　　　M-2：900×2400

　　　C-1：2100×1800

　　　C-2：1200×1800

（a）

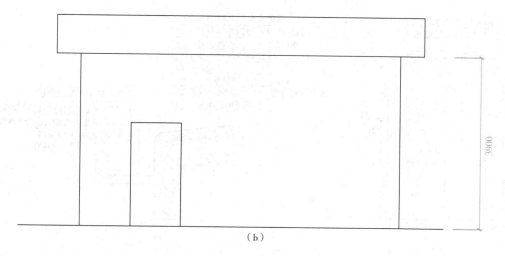

（b）

图 7-17　某工程平、立面图
（a）平面图；（b）立面图

【能力测试】

1.某别墅四坡排水屋面（见图 7-18），屋面混凝土板上刷沥青防水层一层，铺黏土瓦，设计规定屋面坡度为 1/4，计算瓦屋面的清单工程量。

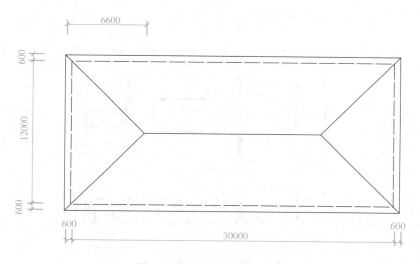

图 7-18　某别墅屋面示意图

2.某工程屋面如图 7-19 所示，已知设计室外地坪标高 –0.300，设计室内地坪标高 ±0.000。试计算屋面防水及保温隔热项目清单工程量。

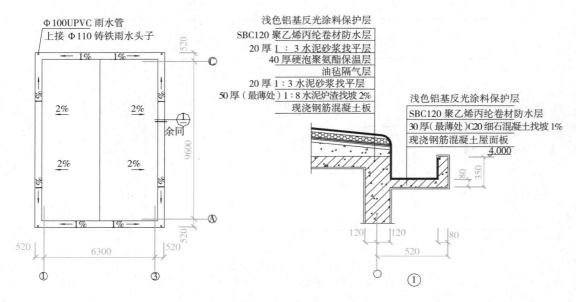

图 7-19　某屋顶平面图及大样图

3. 某卫生间平面见图 7-20，地面、墙面采用 1.0 水泥基渗透结晶型防水涂料，墙面防水高度为 1800 计算该卫生间墙面、地面、涂膜防水的清单工程量。

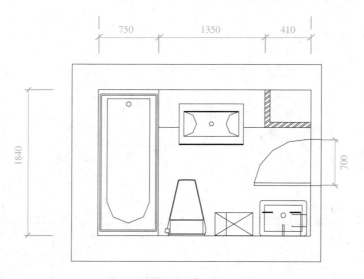

图 7-20　某卫生间平面图

任务 7.1.2　屋面防水及保温隔热工程量清单的编制

【任务描述】

通过本工作任务的实施，使学生能够掌握屋面防水及保温隔热工程量清单的编制方法；会编制常用屋面防水及保温隔热的工程量清单。

【任务实施】

一、屋面防水及保温隔热工程量清单的编制方法

工程量清单编制根据《房屋建筑与装饰工程工程量计算规范》GB 50854−2013 附录规定的项目编码、项目名称、项目特征、计量单位和工程量计算规则进行编制。计算工程量后，应按《房屋建筑与装饰工程工程量计算规范》GB 50854−2013 中规定进行工程量汇总。在工程量汇总时，首先报把工程本身的分部分项工程量清单整理清楚后进行归类，再按规定要求进行排序、编码、汇总。对编码不足的部分可按规定进行补充。在汇总中尽量做到不出现重、漏、错工程量的现象。

【例 7−6】根据 [例 7-1] ～ [例 7-5] 的计算结果及项目特征，试编制屋面防水及保温隔热的工程量清单。

解：根据 [例 7-1] ～ [例 7-5] 的计算结果，汇总屋面防水及保温隔热的工程量清单（见表 7-6）。

分部分项工程量清单与计价表　　　　表 7−6

序号	项目编码	项目名称	项目特征描述	计量单位	工程数量	金额（元）		
						综合单价	合价	其中
								暂估价
1	010901001001	瓦屋面	1. 瓦品种、规格：黏土平瓦 2. 粘结层砂浆的配合比：加浆随捣随抹光 5mm（水泥砂浆 1：1）	m²	484.35			
2	010902003001	屋面刚性防水	1. 刚性层厚度：40 厚 2. 混凝土种类：普通商品混凝土 3. 混凝土强度等级：C20 4. 嵌缝材料种类：按 6m×6m 设分仓缝，缝宽 20，嵌防水油膏 5. 钢筋规格：双向 φ6@200 钢筋网	m²	90.78			
3	010902001001	屋面卷材防水	1. 卷材品种、规格、厚度：3mm 沥青卷材 2. 防水层数：一遍 3. 防水层做法：满铺 4. 找平层：20 厚 1：3 水泥砂浆找平	m²	97.85			

序号	项目编码	项目名称	项目特征描述	计量单位	工程数量	金额（元）		
						综合单价	合价	其中
								暂估价
4	010902007001	屋面沿沟	1.材料品种、规格：3mm沥青卷材 2.接缝、嵌缝材料种类：油膏 3.找平兼找坡：20厚1：2水泥砂浆（掺5%防水剂）防水	m²	12.13			
5	010902008001	屋面变形缝	1.嵌缝材料种类：建筑油膏填缝 2.盖缝材料：24#镀锌铁皮	m	13.52			
6	010903003001	墙基防潮	1.防水层做法：防水砂浆 2.砂浆厚度、配合比：20厚1：2防水砂浆	m²	26.1			
7	010904002001	地面涂膜防水	1.防水膜品种：水泥基渗透结晶型防水涂料 2.涂膜厚度、遍数：1.0厚、一遍 3.保护层：20厚1：2.5水泥砂浆保护层	m²	3.42			
8	010903002001	墙面涂膜防水	1.防水膜品种：水泥基渗透结晶型防水涂料 2.涂膜厚度、遍数：1.0厚、一遍 3.保护层：20厚1：2.5水泥砂浆保护层	m²	5.55			
9	011001001001	保温隔热屋面	1.保温隔热品种、规格、厚度：憎水性膨胀珍珠岩板保温层，平均160mm 2.找平层做法：20厚1：3水泥砂浆找平	m²	90.78			
10	011001001002	保温隔热屋面	1.保温隔热品种、规格、厚度：挤塑聚苯板保温层50厚 2.找平层做法：15厚1：3水泥砂浆找平	m²	7.38			
11	011001002001	保温隔热墙面	1.界面砂浆5mm； 2.30mm厚胶粉聚苯颗粒保温层	m²	137.67			

【能力测试】

试编制上述任务 7.1.1【能力测试】中已计算的瓦屋面、屋面防水及保温隔热项目工程量清单。

项目 7.2 屋面防水及保温隔热工程量清单

【任务描述】

通过本项目的学习，学生能够掌握常用屋面防水及保温隔热工程清单项目的组价内容；能根据屋面防水及保温隔热工程量清单的工作内容合理组合相应的定额子目、并计算其定额工程量及其工程量清单综合单价。

任务 7.2.1 屋面防水及保温隔热工程量清单组价

【任务描述】

通过本工作任务的实施，学生能够掌握屋面防水及保温隔热工程量清单组价内容及其组价定额工程量计算方法，会计算屋面防水及保温隔热工程的定额工程量。

【任务实施】

一、屋面防水及保温隔热工程量清单组价内容

以 2013 年《广西壮族自治区建筑装饰装修工程消耗量定额》为依据，则屋面防水及保温隔热工程量清单的组价内容见表 7-7：

屋面防水及保温隔热工程量清单组价内容　　　　表 7-7

项目编码	项目名称	计量单位	可组合的内容	对应的定额子目名称举例
010901001	瓦屋面	m²	铺瓦、调制砂浆、安脊瓦、绑铁丝及钉固	铺设瓦、檐瓦固定
010901002	型材屋面		场内运输、拼装、安装	彩钢板芯、彩钢屋面板
010902001	屋面卷材防水		基层处理、刷底油、铺油毡	铺油毡卷材、砂浆找平
010902002	屋面涂膜防水		基层处理、刷基层处理剂、铺布、喷涂防水层	砂浆结合层、刷冷底子油、铺布、喷涂防水层
010902003	屋面刚性防水		基层处理、混凝土制作、运输、钢筋制作安装	混凝土防水层、掺无机铝盐防水剂、防水砂浆
010902007	屋面天沟、檐沟		天沟材料铺设、配件安装、刷防腐材料	砂浆找平、铺油毡卷材

续表

项目编码	项目名称	计量单位	可组合的内容	对应的定额子目名称举例
010902008	屋面变形缝	m	填防水材料、止水带安装，盖缝	填防水材料或止水带安装，盖缝
010903001	墙面卷材防水	m²	基层处理、刷黏结剂、铺防水卷材	刷黏结剂，铺防水卷材
010903002	墙面涂膜防水	m²	基层处理、刷基层处理剂、铺布、喷涂防水层	刷基层处理剂、铺布、喷涂防水层
010903003	墙面砂浆防水（防潮）		基层处理、挂钢丝网片、设置分格缝、砂浆制作	防水砂浆防水，五层做法防水，聚合物水泥砂浆防水
010903004	墙面变形缝	m	填防水材料、止水带安装，盖缝	填防水材料或止水带安装，盖缝
010904001	楼（地）面卷材防水		基层处理、刷黏结剂、铺防水卷材	刷黏结剂，铺防水卷材
010904002	楼（地）面涂膜防水	m²	基层处理、刷基层处理剂、铺布、喷涂防水层	刷基层处理剂、铺布、喷涂防水层
010904003	楼（地）面砂浆防水（防潮）		基层处理，砂浆制作	防水砂浆防水，五层做法防水，聚合物水泥砂浆防水
010904004	楼（地面变形缝）	m	填防水材料、止水带安装，盖缝	填防水材料或止水带安装，盖缝
011001001	保温隔热屋面		基层处理，刷黏结材料，铺粘保温层，铺、刷防腐材料	刷黏结材料，铺粘保温层
011001002	保温隔热天棚		基层处理，刷黏结材料，铺粘保温层，铺、刷防腐材料	刷黏结材料，铺粘保温层
011001003	保温隔热墙面		基层处理，刷界面剂，安装龙骨，填粘保温材料，保温板安装，粘贴面层铺设增强格网兜抹抗裂、防水砂浆，嵌缝	填粘保温材料，保温板安装
011001004	保温柱、梁	m²	基层处理，刷界面剂，安装龙骨，填粘保温材料，保温板安装，粘贴面层铺设增强格网兜抹抗裂、防水砂浆，嵌缝	柱、梁保温
011001005	保温隔热楼地面		基层处理，刷黏结材料，铺粘保温层，铺、刷防腐材料	楼地面隔热
011002001	防腐混凝土面层		基层处理，基层刷稀胶泥，砂浆制作	耐酸沥青混凝土，水玻璃耐酸混凝土，重晶石混凝土
011002002	防腐砂浆面层		基层处理，基层刷稀胶泥，砂浆制作	耐酸沥青砂浆，环氧砂浆，重晶石砂浆
011002006	块料防腐面层		基层处理，铺贴块料，胶泥调制	树脂类胶泥瓷砖，硫磺胶泥铺陶板
011002007	池、槽块料防腐面层		基层处理，铺贴块料，胶泥调制、勾缝	树脂类胶泥瓷砖，硫磺胶泥铺陶板
011003001	隔离层		基层清理，刷油，煮沥青，胶泥调制，隔离层铺设	沥青胶泥，一道冷底子油二道热沥青
011003003	防腐涂料		基层清理，刮腻子，刷涂料	抹灰面涂刷聚氨酯漆，防腐耐酸漆等

二、屋面防水及保温隔热定额工程量的计算

1. 瓦、型材及其他屋面

瓦、型材及其他屋面相应清单项目可组合的定额子目是瓦屋面、型材屋面、阳光板屋面、玻璃钢屋面、膜结构屋面子目。其定额工程量计算方法同清单工程量计算方法。

【例 7-7】 试计算例 7-1 中瓦屋面清单项目应组合的定额子目及工程量。

解： 例 7-1 中瓦屋面清单项目应组合的定额子目列项及工程量计算如下：

瓦屋面应组合的定额子目是：

（1）铺黏土瓦：$S=484.35m^2$

（2）屋面板上 1∶1 水泥砂浆随捣随抹光 5mm　$S=484.35m^2$

2. 屋面防水及其他

屋面防水及其他相应清单项目可组合的定额子目是屋面卷材防水、涂膜防水、刚性防水层、排水管、天沟、檐沟及变形缝子目。其定额工程量计算方法同清单工程量计算方法。

【例 7-8】 试计算例 7-2 中屋面防水清单项目应组合的定额子目及工程量。

解： 例 7-2 中屋面防水清单项目应组合的定额子目及工程量计算如下：

（1）屋面刚性层应组合的定额子目是：

① 40mm 厚 C20 细石混凝土防水层 $S=90.78m^2$

② ø6@200 钢筋网片 $S=90.78m^2$

（2）屋面卷材防水应组合的定额子目是：

① 沥青卷材防水层　　$S=97.85m^2$

② 20mm 厚 1∶3 水泥砂浆找平 $S=97.85m^2$

（3）屋面沿沟应组合的定额子目是：

① SBS 改性沥青卷材防水层　$S=12.13m^2$

② 20mm 厚 1∶2 水泥砂浆（掺 5% 防水剂）$S=12.13m^2$

3. 墙面防水、防潮

墙面防水、防潮相应清单项目可组合的定额子目是墙面卷材防水、涂膜防水、砂浆防水（防潮）、墙面变形缝子目。其定额工程量计算方法同清单工程量计算方法。

【例 7-9】 试计算例 7-3 中墙面涂膜防水清单项目应组合的定额子目及工程量。

解： 例 7-3 中墙面涂膜防水清单项目应组合的定额子目及工程量计算如下：

（1）20mm 厚 1∶2.5 水泥砂浆　$S=5.55m^2$

（2）1.0mm 厚水泥基渗透结晶型防水涂料 $S=5.55m^2$

4. 楼（地）面防水、防潮

楼（地）面防水、防潮相应清单项目可组合的定额子目是楼（地）面卷材防水、涂膜防水、砂浆防水（防潮）、楼（地）面变形缝子目。其定额工程量计算方法同清单工程量计算方法。

【例 7-10】 试计算例 7-3 中地面涂膜防水清单项目应组合的定额子目及工程量。

解：例7-3中地面涂膜防水清单项目应组合的定额子目及工程量计算如下：

（1）20mm厚1：2.5水泥砂浆　$S=3.42\text{m}^2$

（2）1.0mm厚水泥基渗透结晶型防水涂料　$S=3.42\text{m}^2$

5. 保温、隔热

保温、隔热相应清单项目可组合的定额子目是保温隔热屋面、保温隔热天棚、保温隔热墙面、保温柱梁、保温隔热楼地面、其他保温隔热子目。其定额工程量计算方法同清单工程量计算方法。

【例7-11】试计算例7-4中屋面保温、隔热清单项目应组合的定额子目及工程量。

解：例7-4中屋面保温、隔热清单项目应组合的定额子目及工程量计算如下：

（1）屋面保温隔热应组合的定额子目是憎水性膨胀珍珠岩板保温层，平均160mm厚　$S=90.78\text{m}^2$

（2）屋面沿沟应组合的定额子目是

① 挤塑聚苯板保温层50mm厚　$S=7.38\text{m}^2$

② 15mm厚1：3水泥砂浆找平　$S=7.38\text{m}^2$

【能力测试】

根据任务7.1.1【能力测试】中的已知条件和已计算的清单工程量结果，对任务7.1.2【能力测试】中的清单列出组价定额项目，并计算其定额的工程量。

任务7.2.2　屋面防水及保温隔热工程量清单综合单价计算

【任务描述】

通过本工作任务的实施，学生能够掌握屋面防水及保温隔热工程量清单综合单价的计算方法，会计算屋面防水及保温隔热工程的清单综合单价。

【任务实施】

屋面防水及保温隔热工程量清单综合单价的计算是以《房屋建筑与装饰工程工程量计算规范》GB 50854-2013、《建设工程工程量清单计价规范》GB 50500-2013及2013年《广西壮族自治区建筑装饰装修工程消耗量定额》为依据，并根据工程实际情况确定具体的工程量清单项目组价内容，利用综合单价分析表，将组成屋面防水及保温隔热清单项目的费用汇总计算，并最后得出屋面防水及保温隔热工程量清单项目的综合单价。费用的计算以定额消耗量为依据，人工、材料、机械单价按指定计价时期的价格调整，并按项目实际情况计算利润。

【例7-12】例7-1～例7-11中计算的屋面防水及保温隔热子目的清单及定额工程量计算结果为依据，计算屋面防水及保温隔热工程量清单综合单价、并汇总分部分项工程量清单计价表。2013年《广西壮族自治区建筑装饰装修工程消耗量定额》的规定：

管理费、利润均以"人工费＋机械费"为计算基数。其中：建筑工程管理费取 35.72%、利润 10%，装饰装修工程管理费取 29.77%、利润 8.335%，其余费用按 2013 年广西区消耗量定额的规定计算。

解：计算过程如下：

（1）例 7-1～例 7-11 中计算的屋面防水及保温隔热清单及定额工程量计算结果汇总于表 7-8。

屋面防水及保温隔热清单及定额工程量计算结果 　　　　　　　　　　　　　表 7-8

序号	清单项目			定额项目		
	项目名称	计量单位	工程量	项目名称	计量单位	工程量
1	瓦屋面	m²	484.35	①屋面板上铺设黏土瓦	m²	4.844
				②水泥砂浆随捣随抹光 5mm（水泥砂浆 1:1）	m²	4.844
2	屋面刚性层	m²	90.78	①混凝土防水层（无筋）40mm（碎石 GD20 商品普通混凝土 C20）	100 m²	0.908
				②内配 φ6@200 钢筋网片	100m²	0.908
3	屋面卷材防水	m²	97.85	①改性沥青防水卷材热贴屋面 一层 满铺（冷底子油 30:70）	m²	97.85
				②水泥砂浆找平层在填充材料 20mm（水泥砂浆 1:3）	m²	97.85
4	屋面檐沟	m²	12.13	①改性沥青防水卷材热贴屋面 一层 满铺（冷底子油 30:70）	m²	12.13
				②防水砂浆防水 20mm 厚 平面水泥防水砂浆（加防水粉 5%）1:2	m²	12.13
5	屋面变形缝	m	13.52	建筑油膏 填缝	m	13.57
6	墙基防潮	m²	26.1	防水砂浆防水 20mm 厚 平面水泥防水砂浆（加防水粉 5%）1:2	m²	26.1
7	地面涂膜防水	m²	3.42	①水泥基渗透 结晶型防水涂料 涂膜 1mm 厚 平面	m²	3.42
				②水泥砂浆找平层 混凝土上 20mm（换：水泥砂浆 1:2.5）	m²	3.42

序号	清单项目			定额项目		
	项目名称	计量单位	工程量	项目名称	计量单位	工程量
8	墙面涂膜防水	m²	5.55	①水泥基渗透 结晶型防水涂料 涂膜 1mm 厚 平面	m²	5.55
				②水泥砂浆找平层 混凝土上 20mm（换：水泥砂浆 1：2.5）	m²	5.55
9	保温隔热屋面	m²	90.78	屋面保温 干铺珍珠岩 厚度 100mm（实际值 =160）	m²	90.78
10	屋面檐沟保温 隔热	m²	7.38	①屋面保温 挤塑聚苯板 厚度 50mm	m²	7.38
				②水泥砂浆找平层 混凝土或硬基层上 20mm（换：水泥砂浆 1：3）	m²	7.38

（2）以瓦屋面综合单价计算为例，其清单综合单价计算过程见表 7-9。

工程量清单综合单价分析表（格式一）　　　　　表 7-9

工程名称：××工程						第　页 共　页		
项目编码	10901001001		项目名称	瓦屋面	计量单位	m²	清单工程量	484.35
清单综合单价组成明细								
定额编号	定额子目名称	定额单位	工程数量	单价				
				人工费	材料费	机械费	管理费和利润	
A7-2	屋面板上铺设黏土瓦	100m²	4.844	346.56	1479.46		158.45	
A9-13	水泥砂浆随捣随抹光 5mm（水泥砂浆 1：1）	100m²	4.844	440.04	264.47	8.16	170.79	

定额编号	定额子目名称	定额单位	工程数量	合价			
				人工费	材料费	机械费	管理费和利润
A7-2	屋面板上铺设黏土瓦	100m²	4.844	1678.74	7166.5		767.53
A9-13	水泥砂浆随捣随抹光 5mm（水泥砂浆 1：1）	100m²	4.844	2131.55	1281.09	39.53	827.31
小计				3810.29	8447.59	39.53	1594.84
清单项目综合单价				28.68			

（3）其他综合单价的计算过程略，计算的最后报价见表 7-10。

分部分项工程量清单与计价表　　　　　　表 7-10

工程名称：×××工程

序号	项目编码	项目名称	项目特征描述	计量单位	工程量	金额（元）		其中：暂估价
						综合单价	合价	
1	010901001001	瓦屋面	1. 瓦品种、规格：黏瓬 2. 粘结层砂浆的配合比：加浆 随捣随抹光 5mm（水泥砂浆 1：1）	m²	484.350	28.68	13891.16	
2	010902002001	屋面刚性层	1. 刚性层厚度：40 厚 2. 混凝土种类：普通商品混凝土 3. 混凝土强度等级：C20 4. 嵌缝材料种类：按 6m×6m 设分仓缝，缝宽 20，嵌防水油膏 5. 钢筋规格：双向 φ6@200 钢筋网	m²	90.780	33.85	3072.9	
3	010902003001	屋面卷材防水	1. 卷材品种、规格、厚度：3mm 沥青卷材 2. 防水层数：一遍 3. 防水层做法：满铺 4. 找平层：20 厚 1：3 水泥砂浆找平	m²	97.850	61.13	5981.57	
4	010902005001	屋面檐沟卷材防水	1. 材料品种、规格：3mm 沥青卷材 2. 接缝、嵌缝材料种类：油膏 3. 找平兼找坡：20 厚 1：2 水泥砂浆（掺 5% 防水剂）防水	m²	12.130	62.78	761.52	
5	010902006001	屋面变形缝	1. 嵌缝材料种类：建筑油膏填缝 2. 盖缝材料：24# 镀锌铁皮	m	13.520	6.76	91.40	
6	010903007001	墙基防潮	1. 防水层做法：防水砂浆 2. 砂浆厚度、配合比：20 厚 1：2 防水砂浆	m²	26.100	15.42	402.46	
7	010904002001	地面涂膜防水	1. 防水膜品种：水泥基渗透结晶型防水涂料 2. 涂膜厚度、遍数：1.0 厚、一遍 3. 保护层：20 厚 1：2.5 水泥砂浆保护层	m²	3.420	37.56	128.46	

续表

序号	项目编码	项目名称	项目特征描述	计量单位	工程量	金额（元）		其中：暂估价
						综合单价	合价	
8	010903002001	墙面涂膜防水	1. 防水膜品种：水泥基渗透结晶型防水涂料 2. 涂膜厚度、遍数：1.0厚、一遍 3. 保护层：20厚1：2.5水泥砂浆保护层	m²	5.550	38.13	211.62	
9	011001001001	保温隔热屋面	1. 保温隔热品种、规格、厚度：憎水性膨胀珍珠岩板保温层，平均160mm 2. 找平层做法：20厚1：3水泥砂浆找平	m²	90.780	34.42	3124.65	
10	011001001001	屋面檐沟保温隔热	1. 保温隔热品种、规格、厚度：挤塑聚苯板保温层50厚 2. 找平层做法：15厚1：3水泥砂浆找平	m²	7.380	42.73	315.35	
			小计				34384.05	

【能力测试】

根据本项目上述【能力测试】的结果为依据，试计算任务 7.1.2【能力测试】中的屋面防水及保温隔热工程项目的综合单价，并汇总其分部分项工程量清单与计价表。已知该工程人工、机械及主材按当地价格文件计算，管理费、利润及其余费用按当地定额的规定计算。

模块 8
脚手架工程计量与计价

【模块概述】

通过本模块的学习，学生能够了解常用脚手架工程清单项目的设置，掌握脚手架工程量清单编制方法及其清单项目的组价内容；会计算常用脚手架工程的清单工程量、编制工程量清单，并能根据脚手架工程量清单的工作内容合理组合相应的定额子目、计算其定额工程量及工程量清单综合单价，编制单价措施项目工程量清单与计价表。

项目 8.1　脚手架工程工程量清单编制

【项目描述】

通过本项目的学习，学生能够了解常用脚手架工程清单项目的设置；掌握脚手架工程量清单编制方法；会计算常用脚手架工程的清单工程量、编制其工程量清单。

【学习支持】

《房屋建筑与装饰工程工程量计算规范》GB 50854-2013 包括综合脚手架、外脚手架、里脚手架、悬空脚手架、挑脚手架、满堂脚手架、整体提升脚手架和外装饰吊篮，八个项目，见表 8-1。

S.1 脚手架工程（编码：011701） 表 8-1

项目编码	项目名称	项目特征	计量单位	工程量计算规则	工作内容
011701001	综合脚手架	1. 建筑结构形式 2. 檐口高度	m²	按建筑面积计算	1. 场内、场外材料搬运 2. 搭、拆脚手架、斜道、上料平台 3. 安全网的铺设 4. 选择附墙点与主体连接 5. 测试电动装置、安全锁等 6. 拆除脚手架后材料的堆放
011701002	外脚手架	1. 搭设方式 2. 搭设高度 3. 脚手架材质		按所服务对象的垂直投影面积计算	
011701003	里脚手架				
011701004	悬空脚手架	1. 搭设方式 2. 悬挑宽度 3. 脚手架材质		按搭设的水平投影面积计算	1. 场内、场外材料搬运 2. 搭、拆脚手架、斜道、上料平台 3. 安全网的铺设 4. 拆除脚手架后材料的堆放
011701005	挑脚手架		m	按搭设长度乘以搭设层数以延长米计算	
011701006	满堂脚手架	1. 搭设方式 2. 搭设高度 3. 脚手架材质		按搭设水平投影面积计算	
011701007	整体提升脚手架	1. 搭设方式及启动装置 2. 搭设高度	m²	按所服务对象的垂直投影面积计算	1. 场内、场外材料搬运 2. 选择附墙点与主体连接 3. 搭、拆脚手架、斜道、上料平台 4. 安全网的铺设 5. 测试电动装置、安全锁等 6. 拆除脚手架后材料的堆放
011701008	外装饰吊篮	1. 升降方式及启动装置 2. 搭设高度及吊篮型号	m²	按所服务对象的垂直投影面积计算	1. 场内、场外材料搬运 2. 吊篮安装 3. 测试电动装置、安全锁等 4. 吊篮的拆卸

注：① 使用综合脚手架时，不再使用外脚手架、里脚手架等单项脚手架；综合脚手架适用于能够按"建筑面积计算规则"计算建筑面积的建筑工程脚手架，不适用于房屋加层、构筑物及附属工程脚手架。

② 同一建筑物有不同檐高时，按建筑物竖向切面分别按不同檐高编列清单项目。

③ 整体提升架已包括 2 米高的防护架体设施。

④ 建筑面积计算按《建筑工程建筑面积计算规范》GB/T 50353-2013。

⑤ 脚手架材质可以不描述，但应注明由投标人根据工程实际情况按照《建筑施工扣件式钢管脚手架安全技术规范》、《建筑施工附着升降脚手架管理规定》等规范自行确定。

任务 8.1.1 脚手架工程清单工程量

【任务描述】

通过本工作任务的实施，学生能够掌握常用脚手架清单工程量计算方法，会计算常用脚手架的清单工程量。

【任务实施】

一、脚手架分类与基本要求

1. 脚手架的分类

（1）按用途分为操作作业脚手架、防护用脚手架。

（2）按设置形式分为单排脚手架、双排脚手架、满堂脚手架等。

（3）按脚手架的支固方式分为落地式脚手架、悬挑脚手架、吊篮脚手架、附着升降脚手架（整体提升脚手架）和水平移动脚手架。

（4）按脚手架平、立杆的连接方式分为承插式脚手架、扣接式脚手架、销栓式脚手架。

（5）按脚手架材料分为竹脚手架、木脚手架和钢管或金属脚手架。

2. 名词解释

（1）综合脚手架：综合脚手架是综合了建筑物中砌筑内外墙所需用的砌墙脚手架、运料斜坡、上料平台、金属卷扬机架、外墙粉刷脚手架等内容。

（2）外脚手架：指搭设在建筑物四周墙外的脚手架（见图 8-1 外脚手架）。

（3）里脚手架：指搭设在建筑物内部供各楼层砌筑和粉刷用的脚手架（见图 8-2 里脚手架）。

（4）悬空脚手架：悬空脚手架指用钢丝绳沿对墙面拉起，工作台在上面滑移施工的脚手架，常用于净高超过 3.6m 的屋面板勾缝、刷浆。

（5）挑脚手架：指从建筑物外墙上向外挑出的脚手架（见图 8-3 挑脚手架）。

（6）满堂脚手架：室内天棚装饰面距设计室内地面在 3.6m 以上时，在距底板 1.6 米高处满屋搭设的脚手架平台。主要用于单层厂房、展览大厅、体育馆等层高开间较大的建筑顶部的装饰施工（见图 8-4 满堂脚手架）。

（7）整体提升脚手架：整体升降式外脚手架以电动倒链为提升机，使整个外脚手架沿建筑物外墙或柱整体向上爬升。搭设高度依建筑物施工层的层高而定，一般取建筑物标准层 4 个层高加 1 步安全栏的高度为架体的总高度，主要应用在超高层建筑施工中（见图 8-5 整体提升脚手架）。

（8）外装饰吊篮：吊篮是建筑工程外装饰高空作业的脚手架，主要用于幕墙安装，外墙清洗等（见图 8-6 外装饰吊篮）。

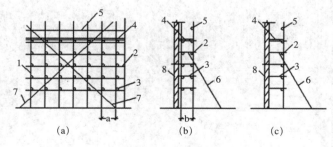

图 8-1　落地式外脚手架示意图

(a) 立面；(b) 双排侧面；(c) 单排侧面

1—立杆；2—打横杆；3—小横杆；4—脚手板；5—栏杆；6—抛撑；7—斜撑（剪刀撑）；8—墙体

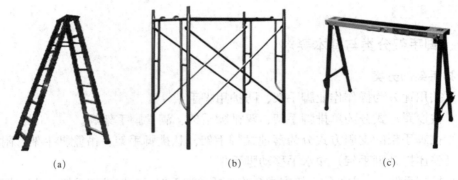

图 8-2　里脚手架示意图

(a) 折叠式；(b) 门式；(c) 马凳式

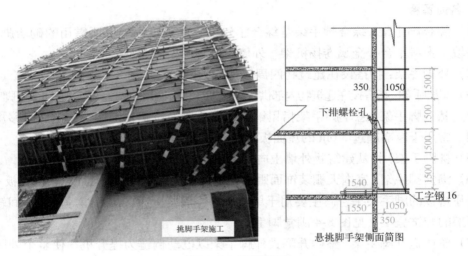

挑脚手架施工

350　1050

下排螺栓孔

1500

1500

1500

1500

1540

1550

1050

350

工字钢 16

悬挑脚手架侧面简图

图 8-3　挑脚手架

图 8-4　满堂脚手架

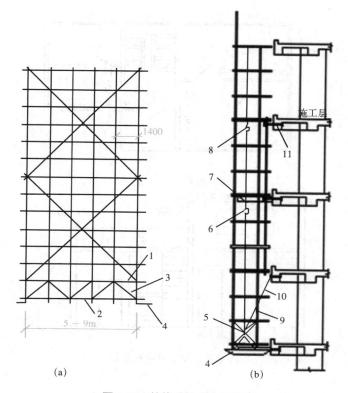

图 8-5　整体升降式脚手架

(a) 立面图；　(b) 侧面图

1—上弦杆；2—下弦杆；3—承力桁架；4—承力架；5—斜撑；6—电动倒链；

7—挑梁；8—倒链；9—花篮螺栓；10—拉杆；11—螺栓

图 8-6　外装饰吊篮

二、脚手架工程清单工程量计算

【例 8-1】某工程平剖面图如图 8-7 所示，内外墙厚均为 240mm，施工采用双排扣件式钢管脚手架，计算外脚手架工程量。

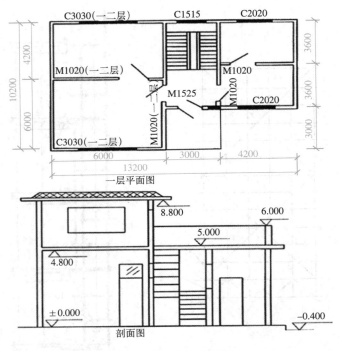

图 8-7 某工程平剖面图

解：

外脚手架工程量：

$$S = [(13.2+10.2) \times 2+0.24 \times 4] \times (4.8+0.4) + (7.2 \times 3+0.24) \times 1.2$$
$$+[(6+10.2) \times 2+0.24 \times 4] \times 4 = 248.35+26.21+133.44 = 408.00 \text{m}^3$$

【例 8-2】 某工程主楼及附房尺寸如图 8-8 所示，女儿墙高 1.5m，出屋面的电梯间为砖砌外墙，施工组织设计中外脚手架为双排扣件式钢管脚手架，计算外脚手架工程量。

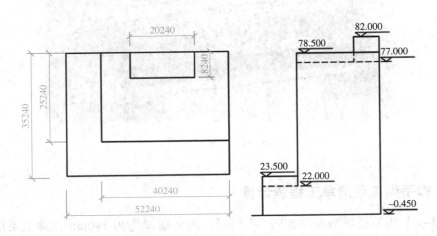

图 8-8 某工程主楼及附房

解：

主楼部分双排外脚手架工程量 =（40.24+25.24）×（78.50+0.45）+（40.24+25.24）

×（78.50−22.00）+20.24×（82.00−78.50）

=5169.65+3699.62+70.84=8940.11m²

附房部分双排外脚手架工程量 =（52.24×2−40.24+35.24×2−25.24）

×（23.50+0.45）=2622.05m²

电梯间部分双排外脚手架工程量 =（20.24+8.24×2）×（82.00−77.00）=183.60m²

合计 11745.76m²。

【例 8–3】某工程墙体砌筑面积为 2000m²（含门窗洞口所占面积），墙体砌筑采用角钢折叠式脚手架里脚手架，搭设高度为 3.6m。计算里脚手架工程量。

解：里脚手架工程量 =2000m²

注：里脚手架按墙体砌筑面积计算，不扣除门窗洞口所占面积。

【例 8–4】某建筑物大厅天棚底至室内地面高度为 6.5m，天棚水平投影面积 150m²，计算该大厅满堂脚手架工程量并编制工程量清单。

解：清单工程量：

满堂脚手架 =150m²

注：满堂脚手架属天棚装饰用脚手架，室内地面至天棚底高度超过 3.6m 时计取，按室内搭设面积计算。

【能力测试】

某工程外墙轮廓线如图 8-9 所示，建筑物檐口高度标高为 21.050m，室外地坪标高为 −0.450m，外脚手架采用扣件式钢管双排脚手架。计算外脚手架工程量并编制措施项目清单。

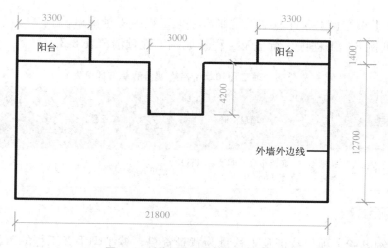

图 8-9　某建筑物外轮廓示意图

任务 8.1.2　脚手架工程工程量清单的编制

【任务描述】

通过本工作任务的实施，学生能够掌握脚手架工程工程量清单的编制方法；学会编制常用脚手架工程的工程量清单。

【任务实施】

脚手架工程工程量清单的编制方法，根据《房屋建筑与装饰工程工程量计算规范》GB 50854－2013附录S规定的项目编码、项目名称、项目特征、计量单位和工程量计算规则进行编制。

其中项目编码应采用十二位阿拉伯数字表示，一至九位按附录的规定设置，从011701001－011701008共八项。十至十二位应根据拟建工程的工程量清单项目名称和项目特征设置，同一招标工程的项目编码不得有重码。项目名称应按附录的项目名称结合拟建工程的实际情况确定。项目特征应按附录中规定的项目特征，结合拟建工程的实际情况进行描述，实际工程中没有的特征可以不用描述。

【例8-5】根据例8-1计算结果编制脚手架工程工程量清单。

解：根据例8-1工程项目特征及工程量编制工程量清单见表8-2。

分部分项工程和单价措施项目清单与计价表　　　　　　　表8-2

序号	项目编码	项目名称	项目特征描述	计量单位	工程量	金额（元）		
						综合单价	合价	其中暂估价
1	011701002001	外脚手架	双排扣件式钢管外脚手架	m²	408.00			

【例8-6】根据例8-3计算结果编制脚手架工程工程量清单。

解：根据例8-3工程项目特征及工程量编制工程量清单表8-3。

分部分项工程和单价措施项目清单与计价表　　　　　　　表8-3

序号	项目编码	项目名称	项目特征	计量单位	工程量	金额（元）		
						综合单价	合价	其中：暂估价
1	011701003001	里脚手架	角钢折叠式脚手架；搭设高度3.6m内	m²	1784.5			

【能力测试】

根据【例8-2】项目特征及工程量为背景资料，编制脚手架工程的工程量清单。

项目 8.2 脚手架工程工程量清单计价

【项目描述】

　　通过本项目的学习，学生能够掌握常用脚手架工程工程量清单项目的组价内容；能计算定额工程量及清单综合单价，学会编制脚手架单价措施项目工程量清单与计价表。

【学习支持】

《四川省建设工程工程量清单计价定额》2009

脚手架工程定额工程量计算规则：

1. 外脚手架、里脚手架均安所服务对象的垂直投影面积计算。

2. 砌砖工程高度 ≤ 1.35 ~ 3.6m 者，按里脚手架计算。高度 > 3.6m 者按外脚手架计算。独立砖柱高度 ≤ 3.6m 者，按柱外围周长乘以实砌高度按里脚手架计算；高度 > 3.6m 者，按柱外围周长加 3.6m 乘以实砌高度按单排脚手架计算；独立混凝土柱按柱外围周长加 3.6m 乘以浇筑高度按外脚手架计算。

3. 砌石工程（包括砌块）高度超过 1m 时，按外脚手架计算。独立石柱高度 ≤ 3.6m 者，按柱外围周长乘以实砌高度计算工程量；高度 > 3.6m 者，按柱外围周长加 3.6m 乘以实砌高度计算工程量。

4. 围墙高度从自然地坪至围墙顶计算，长度按墙中心线计算。不扣除门所占面积，但门柱和独立门柱的砌筑脚手架不增加。

5. 凡高度超过 1.2m 的室内外混凝土贮水（油）池。贮仓、设备基础以构筑物的外围周长乘以高度按外脚手架计算。池底按满堂基础脚手架计算。

6. 挑脚手架按搭设长度乘以搭设层数以"延长米"计算。

7. 悬空脚手架按搭设的水平投影面积计算。

8. 满堂脚手架按搭设的水平投影面积，不扣除垛、柱所占面积。满堂脚手架高度从设计地坪至施工顶面计算，高度在 4.5 ~ 5.2m 时，按满堂脚手架基本层计算；高度超过 5.2m 时，每增加 0.6 ~ 1.2m 按增加一层计算，增加层的高度若在 0.6m 以内时，舍去不计。 例如：设计地坪到施工顶面为 9.2m，其增加层数为：(9.2-5.2) /1.2=3（层），余 0.4m 舍去不计。

任务 8.2.1 脚手架工程工程量清单综合单价计算

【任务描述】

通过本工作任务的实施，学生能够掌握脚手架工程工程量清单综合单价的计算方法，会计算常用脚手架工程的清单综合单价。

【任务实施】

【例 8-7】某工程外脚手架采用双排扣件式钢管，搭设高度为 18.6m，工程量为 3207.15m²，根据《四川省建设工程工程量清单计价定额》（2009）表 8-4 外脚手架，编制脚手架清单综合单价分析表分部分项工程和单价措施项目清单与计价表。

外脚手架工程清单计价表 　　　　　表 8-4

定额编号			TD0162	TD0163	TD0164	TD0165	TD0166
项目	单位	单价（元）	简易	单排		双排	
				高度≤4	高度>4	高度≤4	高度>4
综合单（基）价	元		268.26	713.34	790.90	834.45	1070.30
其中 人工费	元		64.50	201.95	220.50	244.00	269.00
材料费	元		181.25	445.37	500.67	509.61	619.33
机械费	元		8.01	21.36	21.36	26.70	106.81
综合费	元		14.50	44.66	48.37	54.14	75.16
材料 锯材（综合）	m³	1500.00	0.07	0.22	0.21	0.24	0.24
脚手架钢材	kg	5.00	14.81	20.19	35.11	26.67	49.38
安全网	m²	4.5	—	2.18	1.12	2.18	1.12
其他材料费	元		2.20	4.61	5.08	6.45	7.39
机械 汽油	kg		(0.76)	(2.04)	(2.04)	(2.55)	(10.19)

单位 100m²

解：查表 8-4 编制分部分项工程和单价措施项目清单与计价表见表 8-5、表 8-6。

工程量清单综合单价分析表 　　　　　表 8-5

项目编码	011701002001	项目名称	外脚手架	计量单位	m²	清单工程量	3207.15

清单综合单价组成明细表

定额编号	定额子目名称	定额单位	工程数量	单价				合价			
				人工费	材料费	机械费	管理费和利润	人工费	材料费	机械费	管理费和利润
TD0166	双排脚手架	100m²	32.0715	269.0	619.33	106.81	75.16	8626.83	19861.91	3425.4	2410.38
人工单价		小计						8626.83	19861.91	3425.4	2410.38
元/工日		未计价材料费						0.00			
清单项目综合单价								10.70			

分部分项工程和单价措施项目清单与计价表　　　　　　表 8-6

序号	项目编码	项目名称	项目特征描述	计量单位	工程数量	金额（元）		
						综合单价	合价	其中：暂估价
1	011701002001	外脚手架	双排钢管外脚手架	m²	3207.15	10.70	34325.59	

【能力测试】

以本模块中任务 8.1.2 能力测试结果为依据，结合本地区建筑工程消耗量定额及市场信息价，计算脚手架工程量清单项目的综合单价并编制分部分项工程清单与计价表。

模块 9
混凝土模板及支架工程计量与计价

【模块概述】

通过本模块的学习，学生能够了解常用混凝土模板及支架工程清单项目的设置；掌握常用混凝土模板及支架工程的工程量清单编制方法及其清单项目的组价内容；会计算常用混凝土模板及支架工程的清单工程量，编制工程量清单，并能根据混凝土模板及支架的工作内容合理组合相应的定额子目、计算其定额工程量及其工程量清单综合单价。

项目 9.1　混凝土模板及支架工程量清单编制

【项目描述】

通过本项目的学习，学生能够了解常用混凝土模板及支架工程清单项目的设置；掌握混凝土模板及支架工程量清单编制方法；会计算常用混凝土模板及支架的清单工程量、编制其工程量清单。

【学习支持】

《房屋建筑与装饰工程工程量计算规范》GB 50854-2013 附录 S.2 中，混凝土模板及支架（撑）包括基础、矩形柱、构造柱、异形柱、基础梁、矩形梁、异形梁、圈梁、过梁、弧形拱形梁、直形墙、弧形墙、短肢剪力墙、电梯井壁、有梁板、无梁板、平板、拱板、薄壳板、空心板、其他板、栏板、天沟、檐沟、雨篷、悬挑板、阳台板、楼梯、其他现浇构件、电缆沟、地沟、台阶、扶手、散水、后浇带、化粪池、检查井，共 32 项，见表 9-1。

混凝土模板及支架（支撑）（编码：011702）　　　表 9-1

项目编码	项目名称	项目特征	计量单位	工程量计算规则	工作内容
011702001	基础	基础类型	m²	按模板与现浇混凝土构件的接触面积计算。 1. 现浇钢筋混凝土墙、板单孔面积≤0.3m²的孔洞不予扣除，洞侧壁模板亦不增加；单孔面积大于0.3m²时应予扣除，洞侧壁模板面积并入墙、板工程量内计算。 2. 现浇框架分别按梁、板、柱有关规定计算；附墙柱、暗梁、暗柱并入墙内工程量内计算。 3. 柱、梁、墙、板相互连接的重叠部分，均不计算模板面积。 4. 构造柱按图示外露部分计算模板面积	1. 模板制作； 2. 模板安装、拆除、整理堆放及场内外运输； 3. 清理模板黏结物及模内杂物、刷隔离剂等
011702002	矩形柱	柱截面尺寸	m²		
011702003	构造柱		m²		
011702004	异形柱	柱截面形状、尺寸	m²		
011702005	基础梁	梁截面形状	m²		
011702006	矩形梁	支撑高度	m²		
011702007	异形梁	1. 梁截面形状； 2. 支撑高度	m²		
011702008	圈梁		m²		
011702009	过梁		m²		1. 模板制作； 2. 模板安装、拆除、整理堆放及场内外运输； 3. 清理模板粘结物及模内杂物、刷隔离剂等
011702010	弧形、拱形梁	1. 梁截面形状； 2. 支撑高度	m²		
011702011	直形墙		m²		
011702012	弧形墙		m²		
011702013	短肢剪力墙、电梯井壁		m²		
011702014	有梁板		m²		
011702015	无梁板	支撑高度	m²		
011702016	平板		m²		
011702017	拱板		m²		
011702018	薄壳板		m²		
011702019	空心板		m²		
011702020	其他板		m²	同上	
011702021	栏板		m²		
011702022	天沟、檐沟	构件类型	m²	按模板与现浇混凝土构件的接触面积计算	1. 模板制作； 2. 模板安装、拆除、整理堆放及场内外运输； 3. 清理模板粘结物及模内杂物、刷隔离剂等
011702023	雨篷、悬挑板、阳台板	1. 构件类型； 2. 板厚度	m²	按图示外挑部分尺寸的水平投影面积计算，挑出墙外的悬臂梁及板边不另计算	
011702024	楼梯	类型	m²	按楼梯（包括休息平台、平台梁、斜梁和楼层板的连接梁）的水平投影面积计算，不扣除宽度≤500mm的楼梯井所占面积，楼梯踏步、踏步板、平台梁等侧面模板不另计算，伸入墙内部分亦不增加	
011702025	其他现浇构件	构件类型	m²	按模板与现浇混凝土构件的接触面积计算	

项目编码	项目名称	项目特征	计量单位	工程量计算规则	工作内容
011702026	电缆沟、地沟	1. 沟类型 2. 沟截面	m²	按模板与电缆沟、地沟接触的面积计算	1. 模板制作 2. 模板安装、拆除、整理堆放及场内外运输; 3. 清理模板粘结物及模内杂物、刷隔离剂等
011702027	台阶	台阶踏步宽	m²	按图示台阶水平投影面积计算,台阶端头两侧不另计算模板面积。架空式混凝土台阶,按现浇楼梯计算	
011702028	扶手	扶手断面尺寸	m²	按模板与扶手的接触面积计算	
011702029	散水		m²	按模板与散水的接触面积计算	
011702030	后浇带	后浇带部位	m²	按模板与后浇带的接触面积计算	
011702031	化粪池	1. 化粪池部位; 2. 化粪池规格	m²	按模板与混凝土接触面积	
011702032	检查井	1. 检查井部位; 2. 检查井规格	m²	按模板与混凝土接触面积	

注:① 原槽浇灌的混凝土基础、垫层,不计算模板。

② 此混凝土模板及支撑(架)项目,只适用于以平方米计量,按模板与混凝土构件的接触面积计算,以"立方米"计量,模板及支撑(支架)不再单列,按混凝土及钢筋混凝土实体项目执行,综合单价中应包含模板及支架。

③ 采用清水模板时,应在特征中注明。

④ 若现浇混凝土梁、板、柱、墙支撑高度超过 3.6m 时,项目特征应描述支撑高度。

一、模板工程的作用、组成及种类

1. 模板的作用

模板在钢筋混凝土工程中,是保证混凝土在浇筑过程中保持正确的形状和尺寸,以及在硬化过程中进行防护和养护的工具。模板质量的好坏,直接影响到混凝土成型的质量;支架系统的好坏,直接影响到其他施工的安全。

2. 模板的组成

模板及支撑工程是由模板、支架(或支撑)及紧固件三个部分组成的(见图 9-1 基础柱模板;图 9-2 有梁板模板)。

3. 模板的种类

(1)按所用材料

分为木模板、钢模板、钢木模板、胶合板模板、竹胶板模板、塑料模板、玻璃钢模板、铝合金模板等。

(2)按结构类型

分为基础模板、柱模板、梁模板、楼板模板、墙模板、壳模板、烟囱模板等。

(3)按形式

分为整体式模板、定型模板、工具式模板、滑升模板、胎模等。目前砖胎模在满堂基础工程中应用较为广泛,实际工程量清单计价时,可根据砌筑形式按"模块四砌筑工程"中"砖地沟、零星砖砌体"项目计价,属于非周转使用的特殊模板形式(砖胎模见图 9-3)。

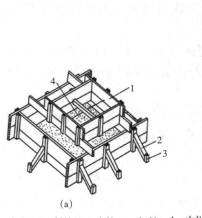

(a)   (b)

1—拼板；2—斜撑；3—木桩；4—钢丝   1—内拼板；2—外拼板；3—柱箍；4—梁缺口；5—清理口；6—木框；7—盖板；8—拉紧螺栓；9—拼条；10—三角板

图 9-1　阶形基础模板、柱模板

(a) 阶梯形基础模板图；（b）柱模板图

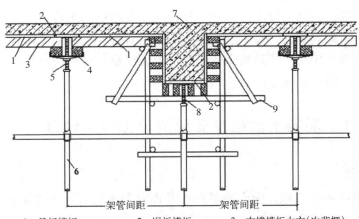

1—早拆模板；　　　　2—迟拆模板；　　　　3—支撑模板木方(次背楞)；
4—木方(主背楞)；　　5—早拆柱头；　　　　6—碗扣架立柱；
7—梁板混凝土；　　　8—螺旋支撑头；　　　9—普通钢管

图 9-2　有梁板模板

(a)

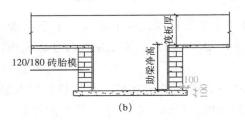

(b)

图 9-3　砖胎模

（a）　桩承台、基础梁砖胎模施工；　（b）　基础梁砖胎模示意图

二、常用模板及其特性

1. 木模板：优点是较适用于外形复杂或异形混凝土构件及冬期施工的混凝土工程；缺点是制作量大、木材资源浪费大等。

2. 组合钢模板：主要由钢模板、连接体和支撑三部分组成。优点是轻便灵活、拆装方便、通用性强、周转率高等；缺点是接缝多且严密性差，导致混凝土成型后外观质量差。

3. 钢框木（竹）胶合板模板：是以热轧异形钢为钢框架，以覆面胶合板作板面，并加焊若干钢肋承托面板的一种组合式模板。与组合钢模板比，其特点是自重轻、用钢量少、面积大、模板拼缝少、维修方便等。

4. 大模板：由板面结构、支撑系统、操作平台和附件等组成。是现浇墙、壁结构施工的一种工具式模板。其特点是以建筑物的开间、进深和层高为大模板尺寸，由于面板为钢板组成，其优点是模板整体性好、抗震性强、无拼缝等；缺点是模板重量大，移动安装需起重机械吊运。

5. 散支散拆胶合板模板：所用胶合板为高耐气候、耐水性的Ⅰ类木胶合板或竹胶合板。优点是自重轻、板幅大、板面平整、施工安装方便简单等。

6. 早拆模板体系：在模板支架立柱的顶端，采用柱头的特殊构造装置来保证国家现行标准所规定的拆模原则前提下，达到尽早拆除部分模板的体系。优点是部分模板可早拆，加快周转，节约成本。

7. 其他还有滑升模板、爬升模板、飞模、模壳模板、胎模及永久性压型钢板模板和各种配筋的混凝土薄板模板等。

任务 9.1.1　混凝土模板及支架清单工程量计算

【任务描述】

通过本工作任务的实施，学生能够掌握常用混凝土模板及支架工程量的计算方法，会计算常用混凝土模板及支架的清单工程量。

【任务实施】

一、混凝土模板与支架工程量计算

【例 9-1】某工程现浇钢筋混凝土条形基础，采用组合钢模板木支撑，其基础平面图和剖面图如图 9-4 所示，施工采用胶合板模板，计算该基础模板工程量。

解：

本基础为有梁式条形基础，其支模位置在基础底板（厚 200mm）的两侧和梁（高 300mm）的两侧。所以，混凝土与模板的接触面积应计算的是：基础底板的两侧面积和梁两侧面积。

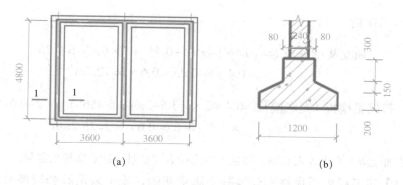

图 9-4　条形基础平、剖面图

(a) 条形基础平面图；(b) 条形基础剖面图

（1）外墙下

基础底板 S_1＝$(3.6 \times 2+0.6 \times 2) \times 2 \times 0.2+(4.8+0.6 \times 2) \times 2 \times 0.2$
$\qquad +(3.6-0.6 \times 2) \times 4 \times 0.2+(4.8-0.6 \times 2) \times 2 \times 0.2=9.12 \mathrm{m}^2$

基础梁 S_2＝$(3.6 \times 2+0.2 \times 2) \times 2 \times 0.3+(4.8+0.2 \times 2) \times 2 \times 0.3$
$\qquad +(3.6-0.2 \times 2) \times 4 \times 0.3+(4.8-0.2 \times 2) \times 2 \times 0.3=14.16 \mathrm{m}^2$

（2）内墙下

基础底板 S_3＝$(4.8-0.6 \times 2) \times 2 \times 0.2=1.44 \mathrm{m}^2$
基础梁 S_4＝$(4.8-0.2 \times 2) \times 2 \times 0.3=2.64 \mathrm{m}^2$
基础模板工程 S＝$9.12+14.16+1.44+2.64=27.36 \mathrm{m}^2$

【例 9-2】某工程采用现浇钢筋混凝土独立基础、基础梁，采用胶合板模板，其基础平面图如图 9-5 所示，计算该独立基础、基础梁模板工程量。

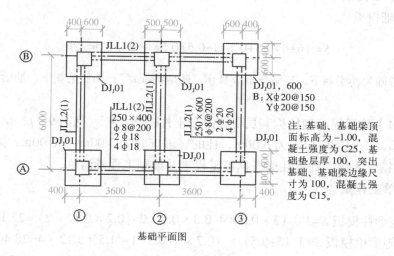

图 9-5　独立基础

解： 清单工程量

$$独立基础模板\ S=（0.6+0.4+0.6+0.4）\times 2\times 0.6\times 6-0.25$$
$$\times 0.4\times 8-0.25\times 0.6\times 6=12.7m^2$$

$$基础梁模板（无底模）\ S=0.4\times 2\times（3.6+3.6-0.6-0.6-1）\times 2+0.6$$
$$\times 2\times（6-0.6-0.6）\times 3=25.28m^2$$

注：本基础梁施工方案为无底模，如施工方案按有底模时应计算底模工程量。

【例9-3】 某工程采用现浇钢筋混凝土满堂基础，施工采用胶合板模板，满堂基础肋梁朝下，肋梁施工采用砖胎模，其基础平面图如图9-6所示，计算该满堂基础模板工程量。

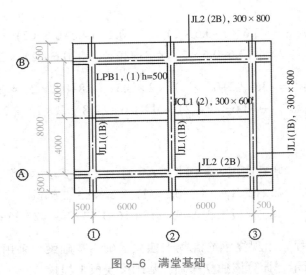

图9-6 满堂基础

解： 清单工程量

满堂基础模板

$$S=（6+6+0.5+0.5+8+0.5+0.5）\times 2\times 0.5=22m^2$$

注：本基础为肋梁朝下，砖胎模部分算作"砖地沟项目"。如肋梁朝上，肋梁侧模并入满堂基础模板。

【例9-4】 某工程框架结构某层现浇混凝土柱、梁、板（见图9-7），层高3m，其中板厚120mm，梁板顶面标高为6.00m，柱的区域部分为3.00m～6.00m，采用胶合板模板，扣件式钢管支撑。计算柱梁板模板工程量并编制工程量清单。

解： 清单工程量

$$矩形柱模板\ S=4\times（3\times 0.5\times 4-0.3\times 0.7\times 2-0.2\times 0.12\times 2）=22.13m^2$$
$$矩形梁模板\ S=[（5-0.5）\times（0.7\times 2+0.3）]-4.5\times 0.12\times 4=28.44m^2$$
$$平板模板\ S=[（5.5-2\times 0.3）\times（5.5-2\times 0.3）]-0.2\times 0.2\times 4=23.85m^2$$

注：本实例摘自《2013 建设工程计价与计量规范辅导》；有的地区梁与板模板合在一起算作有梁板模板，实际情况可结合当地相关规定灵活处理。

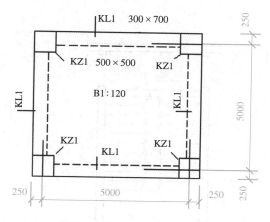

图 9-7　框架柱、梁、板结构

【例 9-5】某屋面挑檐的平面及剖面如图 9-8 所示，试计算挑檐模板工程量。

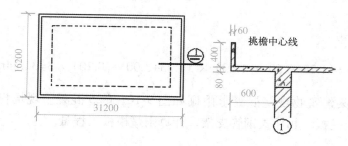

图 9-8　屋面挑檐

解：（1）挑檐板底

挑檐宽度 × 挑檐板底的中心线长 $=0.6 \times (31.2-0.6+16.2-0.6)$
$$\times 2=0.6 \times 92.4=55.44 m^2$$

（2）挑檐立板

立板外侧：挑檐立板外侧高度 × 挑檐立板外侧周长

$$0.4 \times (31.2+16.2) \times 2=0.4 \times 94.8=37.92 m^2$$

立板内侧：挑檐立板内侧高度 × 挑檐立板内侧周长

$$(0.4 - 0.08) \times [(31.2-0.06 \times 2+16.2-0.06) \times 2] \times 2=0.32 \times 94.32=30.32 m^2$$

该挑檐模板工程量 $S= 55.44+37.92+30.32=123.68 m^2$

【**例 9-6**】某建筑物现浇混凝土楼梯见图 9-9，C25 混凝土现场搅拌混凝土浇筑，施工采用胶合板模板、扣件式钢管支架；建筑物层数共 4 层，楼梯共 3 层，计算楼梯模板工程量。

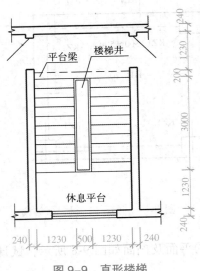

图 9-9 直形楼梯

解：楼梯模板

$$S = (1.23+0.50+1.23) \times (1.23+3.00+0.20) \times 3 = 31.34 \text{m}^2$$

【**例 9-7**】某建筑物现浇混凝土雨棚如图 9-10，C25 混凝土现场搅拌混凝土浇筑，施工采用胶合板模板、扣件式钢管支架，计算雨篷模板工程量。

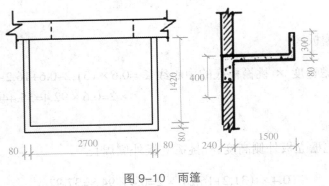

图 9-10 雨篷

解：雨篷模板清单工程量

$$S = (2.7+0.08+0.08) \times 1.5 = 4.29 \text{m}^2$$

注：计价工程量对于带反口雨篷，反口部分模板展开并入雨篷模板，与清单工程量有所区别。

【能力测试】

以模块六【混凝土及钢筋工程计量与计价】中任务 6.1.1 能力测试相关背景资料，施工方案采用胶合板模板、扣件式钢管支架，试计算该工程独立基础、柱、梁、板的模板清单工程量。

任务 9.1.2　混凝土模板及支架工程量清单编制

【任务描述】

通过本节的学习，学生能够掌握常用混凝土模板及支架工程量清单编制方法，会编制常用混凝土模板及支架的工程量清单。

【任务实施】

【例 9-8】根据本项目例 9-4 的计算结果，试编制现浇混凝土模板及支撑的工程量清单。

解：根据例 9-4 项目特征及工程量编制单价措施项目清单见表 9-2

分部分项工程和单价措施项目清单与计价表　　　　　　表 9-2

序号	项目编码	项目名称	项目特征	计量单位	工程量	金额（元）		
						综合单价	合价	其中：暂估价
1	011702002001	矩形柱	胶合板模板、扣件式钢管支撑	m²	22.13			
2	011702006001	矩形梁	胶合板模板、扣件式钢管支撑	m²	28.44			
3	011702016001	平板	胶合板模板、扣件式钢管支撑	m²	23.85			

注：现浇柱梁板支撑高度超过 3.6m 时，项目特征应描述支撑高度，否则不描述。

【能力测试】

以【例 9-1】、【例 9-2】项目特征及计算结果为背景，编制该工程现浇混凝土模板及支架的工程量清单。

项目 9.2　混凝土模板及支架工程量清单计价

【项目描述】

通过本项目的学习，学生能够掌握常用混凝土模板及支架工程清单项目的组价内容；能根据混凝土模板及支架工程量清单的工作内容合理组合相应的定额子目、并计算其定额工程量及其工程量清单综合单价。

【学习支持】

《四川省建设工程工程量清单计价定额》2009
混凝土模板及支架工程说明

一、现浇混凝土模板及支架工程

1. 现浇混凝土模板是按组合钢模、木模、竹胶合板和目前施工技术、方法编制的，综合考虑不作调整。

2. 现浇混凝土梁、板，支模高度是按层高≤3.6m编制的，层高超过3.6m时，超过部分工程量另按梁板支撑超高费项目计算。

3. 坡屋面模板按相应定额项目执行，人工乘以系数1.1。

4. 清水模板按相应定额项目执行，人工乘以系数1.25，材料与定额不同时按批准的施工方案调整。

5. 别墅（独立别墅、连排别墅）各模板按相应定额项目执行，材料用量乘以系数1.2。

6. 异形柱模板适用于圆形柱、多边形柱模板。

7. 圈梁模板适用于叠合梁模板。

8. 异形梁模板适用于圆形梁模板。

9. 直形墙模板适用于电梯井壁模板。

10. 墙模板中的"对拉螺栓"用量以批准的施工方案计算重量，地下室墙按一次摊销进入材料费，地面以上墙按12次摊销进入材料费。

二、预制混凝土模板工程

1. 预制构件的模板是分别按组合钢模、木模、混凝土地模综合编制的。

2. 预制构件项目适用范围：

（1）预制梁模板适用于基础梁、楼梯斜梁、挑梁等。

（2）预制异形柱模板适用于工字形柱、双肢柱和圆柱。

（3）预制槽形板模板适用于槽型楼板、墙板、天沟板。

（4）预制平板模板适用于不带肋的预制遮阳板、挑檐板、栏板。

（5）预制花格模板适用于花格和阳台花栏杆（空花、刀片形）。

（6）预制零星构件模板适用于烟囱、支撑、天窗侧板、上（下）档、垫头、压顶、扶手、窗台板、阳台隔板、壁龛、粪槽、池槽、雨水管、厨房壁柜、搁板、架空隔热板。

混凝土模板及支架工程工程量计算规则

一、现浇混凝土模板及支架工程

1. 现浇混凝土及钢筋混凝土模板工程量，按混凝土与模板接触面的面积，以"m^2"计算。

2. 现浇混凝土构件模板工程量的分界规则与现浇混凝土构件工程量分界规则一致。

3. 现浇钢筋混凝土墙、板上单孔面积 ≤ 0.3m² 的孔洞不予扣除，洞侧壁模板亦不增加，单孔面积 > 0.3m² 时，应予扣除，洞侧壁模板面积并入墙、板模板工程量内计算。

4. 柱与梁、柱与墙、梁与梁等连接重叠部分以及伸入墙内的梁头、板头与砖接触部分，均不计算模板面积。

5. 构造柱外露面均应按图示外露部分计算模板面积。构造柱与墙接触面不计算模板面积。

6. 现浇钢筋混凝土悬挑板（挑檐、雨篷、阳台）按图示外挑部分尺寸的水平投影面积计算。挑出墙外的牛腿梁及板边模板不另计算。

7. 现浇钢筋混凝土楼梯，以图示露明尺寸的水平投影面积计算，不扣除小于 500mm 楼梯井所占面积。楼梯的踏步、踏步板平台梁等侧面模板，不另计算。

8. 现浇混凝土台阶，按图示台阶尺寸的水平投影面积计算，台阶端头两侧不另计算模板面积。

二、预制混凝土构件模板工程

1. 预制构件模板工程量均按模板与混凝土接触面积以"m²"计算，地模综合考虑，不另计算。

2. 预制板、水磨石构件模板上单孔面积 ≤ 0.3m² 的孔洞不予扣除，洞侧壁模板亦不增加，单孔面积 > 0.3m² 时，应予扣除，洞侧壁模板面积并入墙、板模板工程量内计算。

任务 9.2.1　混凝土模板及支架工程量清单计价

【任务描述】

通过本节的学习，学生能够掌握混凝土模板及支架工程量清单组价内容及其组价定额工程量计算方法，掌握混凝土模板及支架工程量清单综合单价的计算方法，会计算常用混凝土模板及支架工程的清单综合单价。

【任务实施】

【例 9-9】某工程有梁板施工采用胶合板、扣件式钢管支架，清单工程量为 72.93m²，板底支撑高度为 5.2m，以《建设工程工程量清单计价规范》GB 50500-2013 及 2009 年《四川省建设工程工程量清单计价定额》为依据，编制工程量清单综合单价分析表及分部分项工程清单与计价表。

解：该有梁板模板清单工程量为 72.93m²，板底支撑高度为 5.2m。

按照四川省定额应组合的定额子目：

（1）TB0026，有梁板（竹胶合板），综合单价：2773.43 元 /100m²

（2）板的支模高度超过 3.6m，应计算支撑高度超高费。

$$超高次数：（5.20-3.60）÷1.00 ≈ 2 次$$

$$有梁板支撑超高工程量 = 72.93 × 2=145.86m^2$$

应组合的定额子目：

TB0032，板支撑高度超高费每超过 1m 增加模板费，综合单价：507.46 元 /100m²

其清单综合单价计算过程见表 9-3、分部分项工程和单价措施项目清单与计价表见表 9-4。

工程量清单综合单价分析表 　　　　　　　　表 9-3

项目编码	011702014001	项目名称	有梁板	计量单位	m²	清单工程量	72.93

清单综合单价组成明细											
定额编号	定额子目名称	定额单位	工程数量	单　价				合　价			
				人工费	材料费	机械费	管理费和利润	人工费	材料费	机械费	管理费和利润
TB0026	有梁板（竹胶合板）	100m²	0.7293	1121.10	1124.50	253.01	274.82	817.62	820.10	184.52	200.43
TB0032	板支撑每超过 1m 增加模板费	100m²	1.4586	327.50	82.44	26.68	70.84	477.69	120.25	38.92	103.33
人工单价		小计						1295.31	940.35	223.44	303.76
元 / 工日		未计价材料费						0.00			
		清单项目综合单价						37.88			

分部分项工程和单价措施项目清单与计价表 　　　　　　　　表 9-4

序号	项目编码	项目名称	项目特征描述	计量单位	工程量	金额（元）		其中：暂估价
						综合单价	合价	
1	011702014001	有梁板	胶合板、扣件式钢管支架；支撑高度：5.2m	m²	72.93	37.88	2762.84	
2								
			小计					

【能力测试】

以本模块中任务 9.1.2 能力测试的结果为依据，结合本地区定额及市场人工、材料、机械台班市场信息价，编制现浇混凝土模板与支架的工程量清单项目的综合单价分析表、分部分项工程和单价措施项目清单与计价表。

模块 10
工程造价计算

【模块概述】

> 通过本模块的学习，学生能够掌握工程造价各组成费用计算方法，分部分项工程费、措施项目费、其他项目费、规费及税金的计算方法；会根据现行计价规范及相关定额编制工程造价文件。

项目 10.1　工程造价费用组成与计算

【项目描述】

> 通过本项目的学习，学生能够学会分部分项工程费、措施项目费、其他项目费、规费及税金的计算方法。

【学习支持】

根据《建设工程工程量清单计价规范》GB 50500-2013 规范规定，工程造价由分部分项工程费、措施项目费、其他项目费、规费及税金五部分（计价程序见表 10-1）。

工程量清单计价的基本计价程序　　　　　　　　　　　表 10-1

序号	费用名称	计算办法
1	分部分项工程费	Σ（分项工程量 × 综合单价）
2	措施项目费	按有关规定计算
3	其他项目费	按招标文件计算
4	规费	计算基础 × 相关费率
5	税金	税前造价 × 综合税率
6	含税工程造价	1+2+3+4+5

任务 10.1.1　分部分项工程清单与计价表的编制

【任务描述】

通过本节的学习，学生能够理解分部分项工程费的含义；掌握分部分项工程清单与计价表的编制方法。

【任务实施】

分部分项工程费是指为完成分部分项工程量所需的实体项目费用。分部分项工程费由人工费、材料费、施工机械使用费、企业管理费和利润组成。《计价规范》规定：分部分项工程量清单应采用综合单价计价。综合单价是指完成一个规定计量单位的分部分项工程量清单项目或措施清单项目所需的人工费、材料费、施工机械使用费和企业管理费与利润，以及一定范围内的风险费用。

一、分部分项工程和单价措施项目清单与计价表的编制规定

分部分项工程和单价措施项目清单与计价表（见表 10-2）的编制，主要包含项目编码设置、项目特征描述、计量单位、工程量、综合单价、合价的填写方法。

分部分项工程和单价措施项目清单与计价表　　　　　　　表 10-2

工程名称：　　　　标段：　　　　　　　　　　　　　　第　页　共　页

序号	项目编码	项目名称	项目特征描述	计量单位	工程量	金额（元）		
						综合单价	合价	其中：暂估价
本页小计								
合计								

注：根据建设部、财政部发布的《建筑安装工程费用组成》（建标[2003]206 号）的规定，

为计取费等的使用，可在表中增设其中："直接费"、"人工费"或"人工费＋机械费"。

1. 项目编码的设置

分部分项工程量清单的项目编码，应采用十二位阿拉伯数字表示。一至九位应按规范附录的规定设置，十至十二位应根据拟建工程的工程量清单项目名称设置。同一招标工程的项目编码不得有重码。

编制工程量清单出现附录中未包括的项目，编制人应作补充，并报省级或行业工程造价管理机构备案，省级或行业工程造价管理机构应汇总报住房和城乡建设部标准定额研究所。

补充项目的编码由附录的顺序码与 B 和三位阿拉伯数字组成，并应从 ×B001 起顺序编制（如 01B001 表示房屋建筑与装饰工程第一个补充项目编码），同一招标工程的项目不得重码。工程量清单中需附有补充项目的名称、项目特征、计量单位、工程量计算规则、工程内容。

2. 项目特征描述

分部分项工程量清单项目特征应按规范附录中规定的项目特征，结合拟建工程项目的实际予以描述。

3. 计量单位的填写

分部分项工程量清单的计量单位应按规范附录中规定的计量单位确定。

4. 工程量的填写

分部分项工程量清单与计价表中所列工程量应按规范附录中规定的工程量计算规则计算。

5. 综合单价的填写

综合单价指完成一个规定计量单位的分部分项工程量清单项目或措施清单项目所需的人工费、材料费、施工机械使用费和企业管理费与利润，以及一定范围内的风险费用。

注：综合单价由投标人填写的，投标人根据上述规定进行综合单价的计算分析然后填报，规范同时规定投标人应填列综合单价计算分析表。

6. 合价的填写

$$合价 = 工程量 \times 综合单价$$

二、分部分项工程和单价措施项目清单与计价表编制实例（见表 10-3）

分部分项工程和单价措施项目清单与计价表 　　表 10-3

工程名称：××住宅楼工程　　　　　　　　　　　　　　第 1 页　　共 6 页

序号	项目编码	项目名称	项目特征描述	计量单位	工程量	综合单价	合价	其中：暂估价
						金额（元）		
			0101 土（石）方工程					
1	010101001001	平整场地	三类土、土方就地挖填找平	m²	262.64	1.42	372.95	
2	010101003001	挖基础土方	三类土、条形基础、深 1.8m、弃土 5m	m²	286.36	23.66	6775.59	
3	010103001001	土方回填	夯填	m³	249.41	3.47	865.45	
			分部小计				8013.99	
			0104 砌筑工程					

序号	项目编码	项目名称	项目特征描述	计量单位	工程量	金额（元）		
						综合单价	合价	其中：暂估价
4	010401001001	M10 水泥砂浆砌砖基础	实心砖、MU10、水泥砂浆 M10，H=2.4m	m³	88.56	219.95	19478.77	
5	010401003001	M10 混合砂浆砌实心砖墙	实心砖、MU10、240mm 厚、±0.00 至二层顶用 M10 混合砂浆	m³	161.02	236.84	38135.98	
6	010402003002	M7.5 混合砂浆砌实心砖墙	实心砖、MU10、240mm 厚、二层至屋顶用 M7.5 混合砂浆	m³	341.46	233.76	79819.69	
7	010402006001	M5 水泥砂浆零星砌砖	M5 水泥砂浆砌阳台台阶、底层楼梯台阶	m³	1.87	301.02	562.91	
8	010403003001	砖窖井	600mm×600mm×1000mm、实心砖，M7.5 水泥砂浆，垫层 C25	座	12.00	468.99	5627.88	
9	010403003002	水表井	600mm×400mm×1000mm、实心砖，M7.5 水泥砂浆，垫层 C25	座	1.00	392.59	392.59	
10	010403003003	阀门井	实心砖，M7.5 水泥砂浆，垫层 C25	座	2.00	392.59	785.18	
11	010403004001	化粪池	容积 12.29m³、实心砖，M7.5 水泥砂浆，垫层 C25	座	1.00	9184.57	9184.57	
			分部小计				153987.57	
			本页小计				162001.56	
			合　计				162001.56	

【能力测试】

根据以下分部分项工程量清单（见表 10-4），结合本地区消耗量定额、建筑工程费用定额及人工、材料、机械台班市场信息价，编制分部分项工程和单价措施项目清单与计价表。

分部分项工程与单价措施项目清单与计价表　　　　　　　表 10-4

工程名称：××综合楼工程　　　　　　　　　　　　　第 1 页　　共 5 页

序号	项目编码	项目名称	项目特征描述	计量单位	工程量	金额（元）		
						综合单价	合价	其中：暂估价
			0101 土（石）方工程					
1	010101001001	平整场地	二类土；土方就地挖填找平	m²	800.50			
2	010101003001	挖基坑土方	二类土；独立基础；深 1.8m	m³	350.36			

续表

序号	项目编码	项目名称	项目特征描述	计量单位	工程量	金额（元）		
						综合单价	合价	其中：暂估价
3	010103001001	土方回填	夯填	m³	249.41			
			分部小计					
			0104 砌筑工程					
4	010401001001	M10 水泥砂浆砌砖基础	实心砖、MU10、水泥砂浆 M10，H=2.4m	m³	78.56			
5	010401003001	M10 混合砂浆砌实心砖墙	实心砖、MU10、240mm 厚、M10 混合砂浆	m³	250.50			
6	010402003002	M7.5 混合砂浆砌实心砖墙	实心砖、MU10、240mm 厚、M7.5 混合砂浆砌筑	m³	341.46			
7	010402006001	M5 水泥砂浆零星砌砖	M5 水泥砂浆砌阳台台阶、底层楼梯台阶	m³	2.27			
			分部小计					
			本页小计					
			合 计					

任务 10.1.2　措施项目清单与计价表的编制

【任务描述】

通过本工作任务的实施，学生能够理解措施项目费的含义；掌握单价措施项目与总价措施项目工程清单与计价表的编制方法。

【任务实施】

一、措施项目概念

措施项目是指为完成工程项目施工，发生于该工程施工准备和施工过程中的技术、生活、安全、环境保护等方面的项目。

现行国家规范将措施项目划分为两类：一类是可以计算工程量的项目，如脚手架、混凝土模板及支架（撑）、垂直运输、超高施工增加、大型机械设备进出场及安拆、施工排水、降水工程等，就以"量"计价，更有利于措施费的确定和调整，称为"单价项目"。另一类是不能计算工程量的项目，如文明施工和安全防护、临时设施等，就以"项"计价，称为"总价项目"；

二、单价措施项目清单与计价表的编制

《房屋建筑与装饰工程工程量计算规范》GB 50854-2013；单价措施项目包含：S.1 脚手架工程；S.2 混凝土模板及支架（撑）；S.3 垂直运输；S.4 超高施工增加；S.5 大型机械设备进出场及安拆；S.6 施工排水、降水；S.7 安全文明施工及其他措施项目。

1. 脚手架工程

脚手架工程单价措施项目清单与计价表的编制参见《模块八 脚手架工程计量与计价》。

2. 混凝土模板及支架（撑）

混凝土模板及支架（撑）单价措施项目清单与计价表的编制参见《模块九 混凝土模板及支架模板工程计量与计价》。

3. 垂直运输

垂直运输工程量清单项目的设置、项目特征描述的内容、计量单位及工程量计算规则，应按表 10-5 的规定执行。

S.3 垂直运输（编码：011703）   表 10-5

项目编码	项目名称	项目特征	计量单位	工程量计算规则	工作内容
011703001	垂直运输	1. 建筑物建筑类型及结构形式 2. 地下室建筑面积 3. 建筑物檐口高度、层数	1. m² 2. 天	1. 按《建筑工程建筑面积计算规范》GB/T 50353-2013 的规定计算建筑物的建筑面积 2. 按施工工期日历天数	1. 垂直运输机械的固定装置、基础制作、安装 2. 行走式垂直运输机械轨道的铺设、拆除、摊销

4. 超高施工增加

超高施工增加工程量清单项目的设置、项目特征描述的内容、计量单位及工程量计算规则，应按表 10-6 的规定执行。

超高施工增加（编码：011704）   表 10-6

项目编码	项目名称	项目特征	计量单位	工程量计算规则	工作内容
011704001	超高施工增加	1. 建筑物建筑类型及结构形式 2. 建筑物檐口高度、层数 3. 单层建筑物檐口高度超过20m，多层建筑物超过6层部分的建筑面积	m²	按《建筑工程建筑面积计算规范》GB/T 50353-2013 的规定计算建筑物超高部分的建筑面积	1. 建筑物超高引起的人工工效降低以及由于人工工效降低引起的机械降效 2. 高层施工用水加压水泵的安装、拆除及工作台班 3. 通讯联络设备的使用及摊销

注：① 单层建筑物檐口高度超过 20m，多层建筑物超过 6 层时，可按超高部分的建筑面积计算超高施工增加。计算层数时，地下室不计入层数。

② 同一建筑物有不同檐高时，可按不同高度的建筑面积分别计算建筑面积，以不同檐高分别编码列项。

【**例 10-1**】某高层建筑物如图 10-1 所示，框剪结构，女儿墙高度 1.8m，施工组织设计中，垂直运输采用自升式塔式起重机及单笼施工电梯。计算垂直运输、超高施工增加的工程量并编制工程量清单。

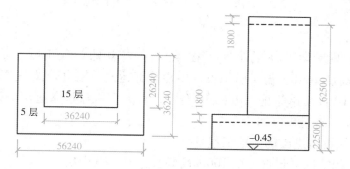

图 10-1　某高层建筑物示意图

解：清单工程量

垂直运输（檐高 94.20m）S=36.24×26.24×（15+5）=19018.75m²

垂直运输（檐高 22.50m）S=（56.24×36.24−36.24×26.24）×5=5436.00m²

超高施工增加 S=36.24×26.24×14=13313.13m²

工程量清单编制（见表 10-7）

分部分项工程和单价措施项目清单与计价表　　　　　　　　　　表 10-7

序号	项目编码	项目名称	项目特征	计量单位	工程量	金额（元）		
						综合单价	合价	其中：暂估价
1	011704001001	垂直运输（檐高 94.20m）	现浇框架结构，檐高 94.20m	m²	19018.75			
2	011704001002	垂直运输（檐高 22.50m）	现浇框架结构，檐高 22.50m	m²	5436.00			
3	011705001001	超高施工增加	现浇框架结构，檐高 94.20m	m²	13313.13			

注：同一建筑物有不同檐高时，按建筑物不同檐高纵向分割，分别计算建筑面积。

5. 大型机械设备进出场及安拆

大型机械设备进出场及安拆工程量清单项目的设置、项目特征描述的内容、计量单位及工程量计算规则，应按表 10-8 的规定执行。

大型机械设备进出场及安拆（编码：011705）　　　　　　　表 10-8

项目编码	项目名称	项目特征	计量单位	工程量计算规则	工作内容
011705001	大型机械设备进出场及安拆	1. 机械设备名称 2. 机械设备规格型号	台次	按使用机械设备的数量计算	1. 施工现场安拆所需费用 2. 进出场装卸、运输、辅助材料等费用

【例 10-2】某房地产住宅小区工程项目，共 10 栋单项工程，框剪结构，檐高 62.5m，女儿墙高度 1.2m，施工组织设计中，垂直运输采用自升式塔式起重机（起重力矩 1000kN·m）10 台及单笼施工电梯 10 台。计算大型机械设备进出场及安拆工程量并编制工程量清单。

解：大型机械设备进出场清单工程量

自升式塔式起重机（起重力矩 1000kN·m）　　　　　10 台次

单笼施工电梯（檐高 62.5m）　　　　　　　　　　　10 台次

工程量清单编制（见表 10-9）

分部分项工程和单价措施项目清单与计价表　　　　　　　表 10-9

序号	项目编码	项目名称	项目特征	计量单位	工程量	金额（元）		
						综合单价	合价	其中：暂估价
1	011705001001	大型机械设备进出场及安拆	自升式塔式起重机（起重力矩 1000KN·m）	台次	10			
2	011705001002	大型机械设备进出场及安拆	单笼施工电梯（檐高 62.5m）	台次	10			

6. 施工排水、降水

施工排水、降水工程量清单项目的设置、项目特征描述的内容、计量单位及工程量计算规则，应按表 10-10 的规定执行。

施工排水、降水（编码：011706）　　　　　　　表 10-10

项目编码	项目名称	项目特征	计量单位	工程量计算规则	工作内容
011706001	成井	1. 成井方式 2. 地层情况 3. 成井直径 4. 井管（滤管）类型、直径	m	按设计图示以钻孔深度计算	1. 埋设护筒、钻机就位、泥浆制作、固壁、成孔、出渣、清孔 2. 对接上下井（滤）管、安放，下滤料、试抽
011706002	排水、降水	1. 机械规格型号 2. 降排水管规格	昼夜	按排降水日历天数计算	1. 管道安装、拆除、场内搬运 2. 抽水、值班、降水设备维修等

注：相应专项设计不具备时，可按暂估量计算。

三、总价措施项目清单与计价表的编制

1. 总价措施项目包括安全文明施工及其他措施项目。

安全文明施工及其他措施项目工程量清单项目的设置、项目特征描述的内容、计量单位及工程量计算规则,应按表 10-11 的规定执行。

安全文明施工及其他措施项目(编码:011707)　　　　　　表 10-11

项目编码	项目名称	工作内容
011707001	安全文明施工	1. 环境保护包含范围:现场施工机械设备降低噪音、防扰民措施费用;水泥和其他易飞扬细颗粒建筑材料密闭存放或采取覆盖措施等费用;工程防扬尘洒水费用;土石方、建渣外运车辆冲洗、防洒漏等费用;现场污染源的控制、生活垃圾清理外运、场地排水排污措施的费用;其他环境保护措施费用。 2. 文明施工包含范围:"五牌一图"的费用;现场围挡的墙面美化(包括内外粉刷、刷白、标语等)、压顶装饰费用;现场厕所便槽刷白、贴面砖,水泥砂浆地面或地砖费用,建筑物内临时便溺设施费用;其他施工现场临时设施的装饰装修、美化措施费用;现场生活卫生设施费用;符合卫生要求的饮水设备、淋浴、消毒等设施费用;生活用洁净燃料费用;防煤气中毒、防蚊虫叮咬等措施费用;施工现场操作场地的硬化费用;现场绿化费用、治安综合治理费用;现场配备医药保健器材、物品费用和急救人员培训费用;用于现场工人的防暑降温费、电风扇、空调等设备及用电费用;其他文明施工措施费用。 3. 安全施工包含范围:安全资料、特殊作业专项方案的编制,安全施工标志的购置及安全宣传的费用;"三宝"(安全帽、安全带、安全网)、"四口"(楼梯口、电梯井口、通道口、预留洞口),"五临边"(阳台围边、楼板围边、屋面围边、槽坑围边、卸料平台两侧),水平防护架、垂直防护架、外架封闭等防护的费用;施工安全用电的费用,包括配电箱三级配电、两级保护装置要求、外电防护措施;起重机、塔吊等起重设备(含井架、门架)及外用电梯的安全防护措施(含警示标志)费用及卸料平台的临边防护、层间安全门、防护棚等设施费用;建筑工地起重机械的检验检测费用;施工机具防护棚及其围栏的安全保护设施费用;施工安全防护通道的费用;工人的安全防护用品、用具购置费用;消防设施与消防器材的配置费用;电气保护、安全照明设施费;其他安全防护措施费用。 4. 临时设施包含范围:施工现场采用彩色、定型钢板、砖、混凝土砌块等围挡的安砌、维修、拆除费或摊销费;施工现场临时建筑物、构筑物的搭设、维修、拆除或摊销的费用;如临时宿舍、办公室、食堂、厨房、厕所、诊疗所、临时文化福利用房、临时仓库、加工场、搅拌台、临时简易水塔、水池等。施工现场临时设施的搭设、维修、拆除或摊销的费用。如临时供水管道、临时供电管线、小型临时设施等;施工现场规定范围内临时简易道路铺设,临时排水沟、排水设施安砌、维修、拆除
011707002	夜间施工	1. 夜间固定照明灯具和临时可移动照明灯具的设置、拆除。 2. 夜间施工时,施工现场交通标志、安全标牌、警示灯等的设置、移动、拆除。 3. 包括夜间照明设备摊销及照明用电、施工人员夜班补助、夜间施工劳动效率降低等费用
011707003	非夜间施工照明	为保证工程施工正常进行,在如地下室等特殊施工部位施工时所采用的照明设备的安拆、维护、摊销及照明用电等费用
011707004	二次搬运	包括由于施工场地条件限制而发生的材料、成品、半成品等一次运输不能到达堆放地点,必须进行二次或多次搬运的费用
011707005	冬雨季施工	1. 冬雨(风)季施工时增加的临时设施(防寒保温、防雨、防风设施)的搭设、拆除; 2. 冬雨(风)季施工时,对砌体、混凝土等采用的特殊加温、保温和养护措施; 3. 冬雨(风)季施工时,施工现场的防滑处理、对影响施工的雨雪的清除; 4. 包括冬雨(风)季施工时增加的临时设施的摊销、施工人员的劳动保护用品、冬雨(风)季施工劳动效率降低等费用
011707006	地上、地下设施、建筑物的临时保护	在工程施工过程中,对已建成的地上、地下设施和建筑物进行的遮盖、封闭、隔离等必要保护措施所发生的费用
011707007	已完工程及设备的保护	对已完工程及设备采取的覆盖、包裹、封闭、隔离等必要保护措施所发生的费用

2. 总价措施项目费用的计取方法参照工程所在地现行《建筑安装工程费用定额》及相关造价文件精神执行。

3. 某地区 ×× 中学办公楼总价措施项目清单与计价表编制实例（见表 10-12）。

总价措施项目清单与计价表　　　　　　表 10-12

工程名称：×× 中学办公楼　　　标段：　　　　　　　　　　第 1 页　　　共 1 页

序号	项目编码	项目名称	计费基础（直接费）	费率（%）	金额（元）
1	011707001001	文明施工、环境保护费	884177.6	1.00	8841.77
2	011707001002	安全施工费	884177.6	0.900	7957.59
3	011707001003	临时设施费	884177.6	1.000	8841.77
4	011707002001	夜间施工增加费费	884177.6	0.100	884.18
5	011707005001	冬雨季施工增加费	884177.6	0.150	1326.27
6	011707007001	已完工程及设备保护费	884177.6	0.030	265.25
7					
8					
合计					28116.78

注：1. 本表适合以"项"计价的项目。
　　2. 根据建设部、财政部发布的《建筑安装工程费用组成》（建标 [2003]206 号）的规定，计费基础可为"直接费"、"人工费"或"人工费 + 机械费"。

【能力测试】

1. 根据表 10-7、10-8 单价措施项目清单，结合本地区消耗量定额及人工、材料、机械台班市场信息价，编制单价措施项目清单与计价表。

2. 某工程分部分项工程和单价措施项目费总计 10000000 元，工程类别为二类，其中直接费为 8000000 元，人工费为 2000000 元，"人工费 + 机械费"为 3000000 元，结合本地区《建筑安装工程费用定额》，编制总价措施项目清单与计价表。

任务 10.1.3　其他项目清单与计价表的编制

【任务描述】

通过本工作任务的实施，学生能够理解其他项目清单内容的含义，学会编制其他项目清单与计价表。

【任务实施】

一、其他项目清单内容组成

其他项目清单内容包含：暂列金额、暂估价、计日工、总承包服务费。

1. 暂列金额：招标人在工程量清单中暂定并包括在合同价款中的一笔款项。用于工程合同签订时尚未确定或者不可预见的所需材料、工程设备、服务的采购，施工中可能发生的工程变更、合同约定调整因素出现时的合同价款调整以及发生索赔、现场签证确认等的费用。暂列金额应根据工程特点按有关计价规定估算。

2. 暂估价：招标人在工程量清单中提供的用于支付必然发生但暂时不能确定价格的材料、工程设备的单价以及专业工程金额。包括材料暂估单价、工程设备暂估单价、专业工程暂估价。暂估价中的材料、工程设备暂估单价应根据工程造价信息或参照市场价格估算，列出明细表；专业工程暂估价应分不同专业，按有关计价规定估算，列出明细表。

3. 计日工

在施工过程中，承包人完成发包人提出的工程合同范围以外的零星项目或工作，按合同中约定的单价计价的一种方式。计日工应列出项目名称、计量单位和暂估数量。

4. 总承包服务费

总承包人为配合协调发包人进行的工程分包，对发包人自行采购的材料、工程设备等进行保管以及施工现场管理、竣工资料汇总整理等服务所需费用。总承包服务费应列出服务项目及其内容等。

二、其他项目清单与计价表编制实例

某地区 ×× 中学教师住宅楼工程，投标人根据招标人提供的其他项目清单，编制的其他项目清单与计价表（见表 10-13 ～表 10-18）。

其他项目清单与计价汇总表　　　　　　　　　　　　　表 10-13

工程名称：×× 中学教师住宅楼　　　标段：　　　　　　　　　　第 1 页 共 1 页

序号	项目名称	计量单位	金额（元）	备注
1	暂列金额	项	300000	明细详见表 10-13
2	暂估价		100000	
2.1	材料暂估价		—	明细详见表 10-14
2.2	专业工程暂估价		100000	明细详见表 10-15
3	计日工		20210	明细详见表 10-16
4	总承包服务费		15000	明细详见表 10-17
	合　计		435210	—

注：材料暂估单价进入清单项目综合单价，此处不汇总。

暂列金额明细表　　　　　　　　　　　　　表 10-14

工程名称：×× 中学教师住宅楼　　　标段：　　　　　　　　　　第 1 页 共 1 页

序号	项目名称	计量单位	暂定金额（元）	备注
1	工程量清单中工程量偏差和设计变更	项	100000	
2	政策性调整和材料价格风险	项	100000	

续表

序号	项目名称	计量单位	暂定金额（元）	备注
3	其他	项	100000	
4				
...				
合计			300000	－

注：此表由招标人填写，如不能详列，也可只列暂定金额总额，投标人应将上述暂列金额计入投标总价中。

材料暂估单价表　　　　　　　　　　　　　　　　　　表 10-15

工程名称：××中学教师住宅楼　　　　标段：　　　　　　　　　　第 1 页 共 1 页

序号	材料名称、规格、型号	计量单位	单价（元）	备注
1	钢筋（规格、型号综合）	t	5000	用于所有现浇混凝土钢筋清单项目
2				
...				

注：1. 此表由招标人填写，并在备注栏说明暂估价的材料拟用在哪些清单项目上，投标人应将上述材料暂估单价计入工程量清单综合单价报价中。
　　2. 材料包括原材料、燃料、构配件以及按规定应计入建筑安装工程造价的设备。

专业工程暂估价表　　　　　　　　　　　　　　　　　表 10-16

工程名称：××中学教师住宅楼　　　　标段：　　　　　　　　　　第 1 页 共 1 页

序号	工程名称	工程内容	金额（元）	备注
1	入户防盗门	安装	100000	
2				
合　计			100000	

注：此表由招标人填写，投标人应将上述专业工程暂估价计入投标总价中。

计日工表　　　　　　　　　　　　　　　　　　　　　表 10-17

工程名称：××中学教师住宅楼　　　　标段：　　　　　　　　　　第 1 页 共 1 页

编号	项目名称	单位	暂定数量	综合单价	合价
一	人工				
1	普工	工日	200	35	7000
2	技工	工日	50	50	2500
人工小计					9500
二	材　料				
1	钢筋	t	1	5500	5500

续表

编号	项目名称	单位	暂定数量	综合单价	合价
2	水泥 42.5	t	2	571	1142
3	中砂	m³	10	83	830
4	砾石（5～40）	m³	5	46	230
5	页岩砖（240×115×53）	千块	1	340	340
	材料小计				8042
三	施工机械				
1	自升式塔式起重机（起重力矩 1250kN·m）	台班	5	526.2	2631
2	灰浆搅拌机（400L）	台班	2	18.38	37
	施工机械小计				2668
	总　计				20210

注：此表项目名称、数量由招标人填写，编制招标控制价时，单价由招标人按有关计价规定确定；投标时，单价由投标人自主报价，计入投标总价中。

总承包服务费计价表　　　　　　　　表 10-18

工程名称：××中学教师住宅楼　　　标段：　　　　　　　　第 1 页 共 1 页

序号	项目名称	项目价值（元）	服务内容	计费基础	费率（%）	金额（元）
1	发包人发包专业工程	100000	1. 按专业工程承包人的要求提供施工工作面并对施工现场进行统一管理，对竣工资料进行统一汇总。 2. 为专业工程承包人提供垂直运输机械和焊接电源接入点，并承担垂直运输费和电费。 3. 为防盗门安装进行补缝和找平并承担相应费用	项目价值	5	5000
2	发包人供应材料	1000000	对发包人提供的材料进行验收及保管和使用发放	项目价值	1	10000
	合计					15000

【能力测试】

某××中学教师住宅楼工程，投标人根据招标人提供的其他项目清单（见表 10-19～表 10-24），结合本地区人工、材料、机械市场信息价，试编制其他项目清单与计价表的投标报价。

其他项目清单与计价汇总表　　　　　　表 10-19

工程名称：××中学教师住宅楼　　　标段：　　　　　　　　第 1 页 共 1 页

序号	项目名称	计量单位	金额（元）	备注
1	暂列金额	项	300000	明细详见表 10-19
2	暂估价		20000	
2.1	材料暂估价		—	明细详见表 10-20
2.2	专业工程暂估价		20000	明细详见表 10-21
3	计日工			明细详见表 10-22
4	总承包服务费			明细详见表 10-23
	合计			—

注：材料暂估单价进入清单项目综合单价，此处不汇总。

暂列金额明细表　　　　　　表 10-20

工程名称：××中学教师住宅楼　　　标段：　　　　　　　　第 1 页 共 1 页

序号	项目名称	计量单位	暂定金额（元）	备注
1	工程量清单中工程量偏差和设计变更	项	100000	
2	政策性调整和材料价格风险	项	100000	
3	其他	项	100000	
4				
…				
	合　计		300000	—

注：此表由招标人填写，如不能详列，也可只列暂定金额总额，投标人应将上述暂列金额计入投标总价中。

材料暂估单价表　　　　　　表 10-21

工程名称：××中学教师住宅楼　　　标段：　　　　　　　　第 1 页 共 1 页

序号	材料名称、规格、型号	计量单位	单价（元）	备注
1	钢筋（规格、型号综合）	t	5200	用于所有现浇混凝土钢筋清单项目
2				
…				

注：1. 此表由招标人填写，并在备注栏说明暂估价的材料拟用在哪些清单项目上，投标人应将上述材料暂估单价计入工程量清单综合单价报价中。
　　2. 材料包括原材料、燃料、构配件以及按规定应计入建筑安装工程造价的设备。

专业工程暂估价表

表 10-22

工程名称：××中学教师住宅楼　　　　标段：

序号	工程名称	工程内容	金额（元）	备注
1	入户防盗门	安装	200000	
2				
合　计				

注：此表由招标人填写，投标人应将上述专业工程暂估价计入投标总价中。

计日工表

表 10-23

工程名称：××中学教师住宅楼　　　　标段：

编号	项目名称	单位	暂定数量	综合单价	合价
一	人　工				
1	普工	工日	100		
2	技工	工日	50		
人 工 小 计					
二	材　料				
1	钢筋	t	2		
2	水泥 42.5	t	5		
3	中砂	m^3	20		
4	砾石（5～40）	m^3	5		
5	页岩砖（240×115×53）	千块	2		
材 料 小 计					
三	施工机械				
1	自升式塔式起重机（起重力矩 1250kN·m）	台班	8		
2	灰浆搅拌机（400L）	台班	4		
施 工 机 械 小 计					
总 计					

注：此表项目名称、数量由招标人填写，编制招标控制价时，单价由招标人按有关计价规定确定；投标时，单价由投标人自主报价，计入投标总价中。

总承包服务费计价表　　　　　　表 10-24

序号	项目名称	项目价值（元）	服务内容	计费基础	费率（%）	金额（元）
1	发包人发包专业工程	300000	1. 按专业工程承包人的要求提供施工工作面并对施工现场进行统一管理，对竣工资料进行统一汇总。 2. 为专业工程承包人提供垂直运输机械和焊接电源接入点，并承担垂直运输费和电费。 3. 为防盗门安装进行补缝和找平并承担相应费用	项目价值		
2	发包人供应材料	2000000	对发包人提供的材料进行验收及保管和使用发放	项目价值		
合计						

任务 10.1.4　规费、税金项目计价表的编制

【任务描述】

通过本工作任务的实施，学生能够列出规费、税金项目清单，学会规费、税金项目计价表的编制。

【任务实施】

一、规费项目内容组成与计算

根据国家法律、法规规定，由省级政府或省级有关权力部门规定施工企业必须缴纳的，应计入建筑安装工程造价的费用。规费和税金必须按国家或省级、行业建设主管部门的规定计算，不得作为竞争性费用，规费项目内容包括：

1. 社会保险费：包括养老保险费、失业保险费、医疗保险费、工伤保险费、生育保险费；

2. 住房公积金；

3. 工程排污费。

规费的计算，规费的计算基数及相关费率标准，根据各地区《建筑安装工程费用定额》及建设行政主管部门相关造价文件规定进行计算。

$$规费 = 计算基数 \times 规费费率$$

二、税金项目内容组成与计算

1. 营业税；

2. 城市维护建设税；

3. 教育费附加；

税金计算按税前造价扣除按规定不计税工程设备金额乘以综合税率。

税金 =（分部分项工程费 + 措施项目费 + 其他项目费 + 规费 − 按规定不计税工程设备金额）× 综合税率

三、规费、税金项目计价表（2013 规范见表 10–25）

规费、税金项目清单与计价表　　　　表 10–25

工程名称：　　　标段：　　　　　　　　　　　　　第　页　共　页

序号	项目名称	计算基础	费率（%）	金额（元）
1	规费	定额人工费		
1.1	社会保障费	定额人工费		
(1)	养老保险费	定额人工费		
(2)	失业保险费	定额人工费		
(3)	医疗保险费	定额人工费		
(4)	工伤保险费	定额人工费		
(5)	生育保险费	定额人工费		
1.2	住房公积金	定额人工费		
1.3	工程排污费	按工程所在地环保部门规定收取标准，按实计入		
2	税金	分部分项工程费 + 措施项目费 + 其他项目费 + 规费 − 按规定不计税的工程设备金额		
	合计			

【例 10-3】在上海虹桥地区建造一座商务楼，在进行投标过程中，经过投标报价如下：分部分项工程费用 2500 万元，措施费用报价 375 万元，专业工程暂估价为 180 万元，人工费用 625 万元，社会保障费费率为 12%，请计算出商务楼的规费并编制规费清单（上海地区规费、税金项目计算基础与取费标准见表 10-26）。

规费、税金项目清单与计价表　　　　表 10-26

工程名称：　　　标段：　　　　　　　　　　　　　第　页　共　页

序号	项目名称	计算基础	费率（%）	金额（元）
1	规费			
1.1	工程排污费	分部分项工程费 + 措施项目费	0.1	
1.2	社会保障费	人工费之和	12	

序号	项目名称	计算基础	费率（%）	金额（元）
1.3	住房公积金	分部分项工程费＋措施项目费	0.32	
1.4	河道管理费	分部分项工程费＋措施项目费＋其他项目费＋工程排污费＋社会保障费＋住房公积金	0.03	
2	税金	分部分项工程费＋措施项目费＋其他项目费＋规费（不含河道管理费）	3.48	
合计				

解：工程排污费：（2500.0000+375.0000）×0.1%=2.8750 万元

社会保障费：625.0000×12%=75.0 万元

住房公积金：（2500.0000+375.0000）×0.32%=9.2 万元

河道管理费：（2500.0000+375.0000+180.0000+2.8750+75.0000+9.2000）

×0.03%=0.9426 万元

税金：（2.875+75.0+9.2+0.9426）×3.48%=3.0624 万元

编制规费、税金项目清单见表 10-27。

规费、税金项目清单与计价表　　　　　　　表 10-27

工程名称：商务楼　　　标段：c1　　　　　　　　　　　　　　　第 1 页 共 1 页

序号	项目名称	计算基础	费 率（%）	金 额（元）
1	规费			
1.1	工程排污费	分部分项工程费＋措施项目费	0.1	28750
1.2	社会保障费	人工费之和	12	750000
1.3	住房公积金	分部分项工程费＋措施项目费	0.32	92000
1.4	河道管理费	分部分项工程费＋措施项目费＋其他项目费＋工程排污费＋社会保障费＋住房公积金	0.03	9426
2	税金	分部分项工程费＋措施项目费＋其他项目费＋规费（不含河道管理费）	3.48	30624
合计				910799

【能力测试】

××学校综合楼工程，项目地址位于上海市区，分部分项费用和措施费用合计报价 2300 万元，其他项目费为 87 万元，其中人工费用 575 万元，试编制规费、税金项目清单（上海地区规费、税金项目计算基础与取费标准见表 10–26）。

项目 10.2　工程造价费用汇总文件编制

【项目描述】

通过本项目的学习，学生能够根据现行计价规范相关规定，学会编制单位工程招标控制价 / 投标报价汇总表、单项工程招标控制价 / 投标报价汇总表、建设项目招标控制价 / 投标报价汇总表、工程计价总说明、招标控制价 / 投标总价扉页。

【学习支持】

《建设工程工程量计价规范》GB 50500–2013 中规定：工程计价表宜采用统一格式，各省、自治区、直辖市建设行政主管部门和行业建设主管部门可根据本地区、本行业的实际情况，在规范附录 B 至附录 L 计价表格的基础上补充完整。工程计价表格的设置应满足工程计价的需要，方便使用。

任务 10.2.1　工程造价费用汇总文件的编制

【任务描述】

通过本工作任务的实施，学生能够掌握学会编制单位工程招标控制价 / 投标报价汇总表、单项工程招标控制价 / 投标报价汇总表、建设项目招标控制价 / 投标报价汇总表、工程计价总说明、招标控制价 / 投标总价扉页。

【任务实施】

工程造价费用汇总文件规范《建设工程工程量计价规范》GB 50500–2013

1. 招标控制价 / 投标总价扉页（见表 10-28、表 10-29）。
2. 工程计价总说明（表 10-30）。
3. 建设项目招标控制价 / 投标报价汇总表（见表 10-31）。
4. 单项工程招标控制价 / 投标报价汇总表（见表 10-32）。
5. 单位工程招标控制价 / 投标报价汇总表（见表 10-33）。

_____工程

招 标 控 制 价

招标控制价（小写）_____

　　　　　（大写）_____

招标人：_____　　　　　造价咨询人：_____

　　　　（单位盖章）　　　　　　　　　　　　　　　（单位资质专用章）

法定代表人：_____　　　法定代表人：_____

或其授权人　　　（签字或盖章）　　　　　　或其授权人　　　（签字或盖章）

编制人：_____　　　　　复核人：_____

　　　（造价人员签字盖专用章）　　　　　　　　　（造价工程师签字盖专用章）

编制时间：　　年　　月　　日　　　　　　　复核时间：　　年　　月　　日

投标总价扉页 　　　　　　　　　　　　　　表 10-29

投标总价

招标人：_____

工程名称：_____

投标总价（小写）：_____

　　　　　（大写）：_____

投标人：_____
　　　　　　（单位盖章）

法定代表人：_____
或其授权人　　　（签字或盖章）

编制人：_____
　　　　（造价人员签字盖专用章）

时间：　　年　　月　　日

总说明　　　　　　　　　　　　　　　表 10–30

工程名称：　　　　　　　　　　　　　　　　　第　页　共　页

建设项目招标控制价／投标报价汇总表　　表 10–31

工程名称：　　　　　　　　　　　　　　　　　第　页　共　页

序号	单项工程名称	金额（元）	其中：（元）		
			暂估价	安全文明施工费	规费
合　计					

注：本表适用于建设项目招标控制价或投标报价的汇总。

单项工程招标控制价／投标报价汇总表　　表 10-32

工程名称：　　　　　　　　　　　　　　　　　　　　　　　　第　页　共　页

序号	单项工程名称	金额（元）	其中：（元）		
			暂估价	安全文明施工费	规费
合　计					

注：本表适用于单项工程招标控制价或投标报价的汇总。暂估价包括分部分项工程中的暂估价和专业工程暂估价。

单位工程招标控制价／投标报价汇总表　　表 10-33

工程名称：　　　标段：　　　　　　　　　　　　　　　　　第　页　共　页

序号	汇总内容	金额（元）	其中：暂估价（元）
1	分部分项工程		
1.1			
1.2			
1.3			
……			
2	措施项目		—
2.1	安全文明施工费		—
3	其他项目		—
3.1	暂列金额		—
3.2	专业工程暂估价		—
3.3	计日工		—
3.4	总承包服务费		—
4	规费		—
5	税金		—
招标控制价合计 =1+2+3+4+5			

注：本表适用于单位工程招标控制价或投标报价的汇总，如无单位工程划分，单项工程也适用本表汇总。

工程造价汇总文件编制实例（见表 10-34 ～ 表 10-38）

投标总价扉页 表 10-34

投标总价

招标人：×××中学

工程名称：某中学教学楼工程

投标总价（小写）：7465128 元
（大写）：柒佰肆拾陆万伍仟壹佰贰拾捌圆

投标人：×××建设工程有限公司
（单位盖章）

法定代表人：×××
或其授权人 （签字或盖章）

编制人：×××
（造价人员签字盖专用章）

时间：××年××月××日

总说明 表 10-35

工程名称：某中学教学楼工程　　　　　　　　　　　　　　　　第 1 页　 共 1 页

1. 工程概况：本工程为框架结构，建筑层数为六层，建筑面积为 1510.50m²。
2. 投标总价包括范围：本次招标范围为施工图范围内的建筑、安装工程。
3. 投标总价编制依据：
（1）招标文件提供的工程量清单。
（2）招标文件中有关计价的要求。
（3）×××中学教学楼施工图。
（4）××省建设主管部门颁发的计价定额和计价管理办法及有关计价文件。
（5）材料价格采用工程所在地工程造价管理机构××年××月工程造价信息发布的价格信息，对于工程造价信息没有发布价格信息的材料，其价格为市场询价。

建设项目招标控制价 / 投标报价汇总表

表 10-36

工程名称：某中学教学楼工程

第 1 页　共 1 页

序号	单项工程名称	金额（元）	其中：（元）		
			暂估价	安全文明施工费	规费
1	某中学教学楼工程	7465128	845000	209650	245377
合　计		7465128	845000	209650	245377

注：本表适用于建设项目招标控制价或投标报价的汇总。说明：本工程仅为一栋教学楼，故建设项目由一个单项工程构成。

单项工程招标控制价 / 投标报价汇总表

表 10-37

工程名称：某中学教学楼工程

第 1 页　共 1 页

序号	单项工程名称	金额（元）	其中：（元）		
			暂估价	安全文明施工费	规费
1	某中学教学楼工程	7465128	845000	209650	245377
合　计		7465128	845000	209650	245377

注：本表适用于单项工程招标控制价或投标报价的汇总。暂估价包括分部分项工程中的暂估价和专业工程暂估价。

单位工程招标控制价 / 投标报价汇总表

表 10-38

工程名称：某中学教学楼工程

第 1 页　共 1 页

序号	汇总内容	金额（元）	其中：暂估价（元）
1	分部分项工程	6134749	845000
0101	土石方工程	99757	
0103	桩基工程	397283	
0104	砌筑工程	725456	
0105	混凝土及钢筋混凝土工程	2432419	800000
0106	金属结构工程	1794	
0108	门窗工程	366464	
0109	屋面及防水工程	251838	
0110	保温、隔热、防腐工程	133226	
0111	楼地面装饰工程	291030	
0112	墙柱面装饰与隔断、幕墙工程	418643	
0113	天棚工程	230431	
0114	油漆、涂料、裱糊工程	233606	

续表

序号	汇总内容	金额（元）	其中：暂估价（元）
0304	电气设备安装工程	360140	45000
0310	给排水安装工程	192662	—
2	措施项目	241547	—
0117	其中安全文明施工费	209650	—
3	其他项目	597288	—
3.1	暂列金额	350000	—
3.2	专业工程暂估价	200000	—
3.3	计日工	26528	—
3.4	总承包服务费	20760	—
4	规费	245377	—
5	税金	246167	—
	招标控制价合计 =1+2+3+4+5	7465128	845000

注：本表适用于单位工程招标控制价或投标报价的汇总，如无单位工程划分，单项工程也适用本表汇总。

【能力测试】

某小区住宅工程，招标单位为××房地产开发有限公司，桩基部分单独发包，桩基设计采用 C80 预应力管桩，单根桩长 24m，桩径 Φ400，室外地坪标高 −0.5m，桩顶标高 −2.0m，总根数 1100 根，二类土场地。某施工单位为××建设工程有限公司，根据招标文件要求，施工方案采用 3 台 5000kN 静压桩机打桩，电焊接桩，十字形钢桩尖，单节桩长 12m，试桩 9 根。试根据《建设工程工程量清单计价规范》GB 50500−2013、《房屋建筑与装饰工程工程量计算规范》GB 50584−2013 为主要依据，并结合现行地区消耗量定额及政策文件精神及工料机市场信息价，编制该桩基工程投标报价文件。

参考文献

[1] 中华人民共和国住房和城乡建设部.建设工程工程量清单计价规范 [S].GB 50500-2013.北京：中国计划出版社，2013.

[2] 中华人民共和国住房和城乡建设部.房屋建筑与装饰工程工程量计算规 [S].GB 50584-2013.北京：中国计划出版社，2013.

[3] 中华人民共和国住房和城乡建设部.建筑工程建筑面积计算规范 [S].GB/T 50353-2013.北京：中国计划出版社，2013.

[4] 袁建新.《袖珍建筑工程造价手册》[M].北京：中国建筑工业出版社，2011.

[5] 田永复.预算员手册 [M].北京：中国建筑工业出版社，2010.

[6] 潘全祥.预算员必读 [M].北京：中国建筑工业出版社，2012.

[7] 景巧玲，刘庆文.建筑工程计量与计价 [M].武汉：中国地质大学出版社，2012.

[8] 刘元芳.建筑工程计量与计价 [M].北京：建材工业出版社，2009.

[9] 李彬.建筑工程计量与计价 [M].北京：机械工业出版社，2011.